AF565066

ISBN 978-3-95553-619-0

pro:Holz Information

Holzarten Ansichten, Kennwerte und Beschreibungen

Holz ist ein nachwachsender Rohstoff: Er wird vielfältig eingesetzt und jede Holzart hat dabei ihre spezifischen Eigenschaften, aus denen sich unterschiedliche Anwendungsgebiete ergeben. Auf den folgenden Seiten werden 24 ausgewählte, in Mitteleuropa heimische Holzarten mit farblichen Ansichten, textlichen Beschreibungen und Kennwerten vorgestellt.

Alfred Teischinger
Anne Isopp
Josef Fellner

Edition DETAIL

Inhalt

Vorwort

Vor knapp zwanzig Jahren erschien die Erstausgabe dieses Buchs. Die Idee war, die Vielfalt des Holzes zu zeigen. Holz ist ein besonderer Werkstoff. Er ist besonders leistungsfähig und sinnlich zugleich. Seine Farbe, seine Optik, sein Geruch und seine Haptik sind einzigartig, es wird oft imitiert, aber nie erreicht. Warum sich die einzelnen Holzarten so sehr in ihrem Aussehen und ihrer Farbe unterscheiden und woher diese Vielfalt und die unterschiedlichen Nutzungsmöglichkeiten kommen, erfahren Sie in diesem Buch.
Es gibt eine unglaubliche Vielzahl von Baumarten, deren Holz sich durch seine spezifischen Eigenschaften für ganz unterschiedliche Nutzungen eignet. Ob die Holzart leicht oder schwer, weich oder hart, biegsam oder starr, hell oder dunkel ist, hängt von der jeweiligen Baumart, den Wachstumsbedingungen und dem Aufbau des Holzgewebes ab, das die Natur hervorbringt. Holz hat eine komplexe Anatomie, in der spezialisierte Zellen in einer Vielzahl von Zellverbänden Speicher-, Leit-, Wachstums- oder Festigkeitsfunktionen übernehmen. Am augenscheinlichsten lassen sich diese Unterschiede anhand der Struktur und Farbe der jeweiligen Holzart ablesen.
Allein in Mitteleuropa wachsen mehr als sechzig verschiedene Baumarten. Für das Buch wählten Experten 24 Baum- und Holzarten aus, die nicht nur hier heimisch, sondern auch wirtschaftlich und ökologisch relevant sind. Sie werden in diesem Buch in Bild und Text sowie anhand ihrer physikalischen und mechanischen Kennwerte vorgestellt und einander gegenübergestellt. Das Buch funktioniert wie ein Nachschlagewerk und richtet sich an interessierte Laien ebenso wie an Menschen, die beruflich mit Holz zu tun haben oder in der Ausbildung in einem Holzberuf sind.

24 mitteleuropäische Baum- und Holzarten
Knapp zwanzig Jahre später erscheint hiermit eine Neuauflage dieses Holzartenbuchs. Für einen Baum sind zwanzig Jahre keine lange Zeit. Die Grundinformationen, die damals zusammengetragen wurden, sind nach wie vor gültig. Und doch hat sich unser Blick auf den Wald als Rohstoffquelle und auf den Werkstoff Holz als nachwachsenden Rohstoff aufgrund des Klimawandels verändert. Von selbst können sich die Wälder nicht rasch genug an die neuen Bedingungen anpassen. Deshalb ist die Forstwirtschaft gefordert, die heimischen Wälder in klimafitte Wälder umzubauen. Aber nicht nur der Klimawandel, auch die Ressourcenfrage ist heute eine der zentralen Aufgaben unserer Gesellschaft.
Holz hat als nachwachsender und Kohlenstoff bindender Rohstoff an Relevanz gewonnen. Wichtige politische Ziele in Europa wie die Stärkung der Bioökonomie, die Energiewende und die Dekarbonisierung des Bausektors sind ohne Holz kaum zu erreichen.
Holzbauten und langlebige Holzprodukte funktionieren als Kohlenstoffspeicher wie ein zweiter Wald. Die Holzernte sichert eine dauerhafte CO_2-Aufnahmeleistung im Wald. Denn die Forstwirtschaft sorgt dafür, dass anstelle der geernteten Bäume stets neue Bäume nachwachsen.
Aufgrund dieser neuen Vorzeichen, unter denen wir heute auf den Wald und das Holz blicken, war es an der Zeit, das Buch zu überarbeiten und in einer aktualisierten Neuauflage zu veröffentlichen. In dieser erweitern wir den Blick vom österreichischen Wald auf den gesamten DACH-Raum. Auch wenn sich die Wuchsbedingungen für Bäume im Alpenraum von denen in den flachen Regionen Norddeutschlands grundlegend unterscheiden, so sind doch die auf den folgenden Seiten vorgestellten Holz- und Baumarten für alle drei Länder sowohl wirtschaftlich als auch ökologisch relevant.

Zur Erstauflage
Unter dem Titel „Holzspektrum" erschien 2006 die Erstauflage dieses Buchs. Die Idee und das Konzept wurden maßgeblich vom Wiener Architekten und Publizisten Walter Zschokke (2009 verstorben) vorangetrieben und gemeinsam mit den Autoren Alfred Teischinger (Universität für Bodenkultur Wien) und Josef Fellner (HTL Mödling) weiterentwickelt.
Sie wählten damals 24 in Österreich heimische, natürlich vorkommende bzw. kultivierte Holzarten aus, um diese mit Beschreibungen, Eigenschaften, Verwendungsbereichen, mit ihrer kulturgeschichtlichen Bedeutung sowie den physikalischen und mechanischen Kenndaten einander gegenüberzustellen.
Holz zu sehen und anzugreifen ist wesentlich, um sich dem Werkstoff anzunähern und seine Charakteristik zu begreifen. Deshalb legten sie großen Wert darauf, die Holzarten möglichst realitätsgetreu abzubilden. Ein wesentlicher Beitrag zum Gelingen war die Bereitstellung von Furnieren, die für die Abbildungen der 24 Holzarten eingescannt wurden. Jede Holzart wird dabei mit einer unbehandelten und einer lackierten Holzoberfläche dargestellt.
An den Abbildungen haben wir in der Neuauflage nichts verändert. Die mechanischen und physikalischen Kennwerte hingegen wurden aktualisiert. Sie basieren nun auf einem vom österreichischen Fachverband der Holzindustrie finanzierten Projekt zur Neubewertung der Holzkennwerte unter Einbeziehung verschiedener Standardwerke. Diese Werte fließen nun auch in die aktuelle Überarbeitung der ÖNORM B 3012 ein. Diese Kennwerte sind in allen drei Ländern des DACH-Raums, in Österreich, Deutschland und der Schweiz, anwendbar.

Georg Binder, proHolz Austria

Essay

Die Welt des Holzes beginnt im Wald

Anne Isopp

Viele Dinge des Alltags sind aus Holz, vom Kochlöffel bis zum Zahnstocher, vom Eisstäbchen bis zum Fußboden. Sie sind für uns so selbstverständlich, dass wir ihrer materiellen Beschaffenheit meist nicht viel Aufmerksamkeit schenken. Noch weniger Gedanken machen wir uns darüber, aus welcher Holzart diese Dinge sind. Aus Buche zum Beispiel können sowohl der Kochlöffel, der Stuhl und die Palette im Supermarkt als auch das Brennholz für den Pizzaofen sein, Fichte kann für den Hausbau verwendet werden sowie als Klangholz im Instrumentenbau.

Jede Holzart hat ihre spezifischen Eigenschaften. Die eine ist leicht und biegsam, die andere schwer und hart. Schon unsere Vorfahren wussten Holz zu Gebrauchsgegenständen zu verarbeiten, Häuser damit zu errichten und Brennmaterial daraus zu machen. Sie aßen die Früchte der Bäume und nutzten Blätter, Nadeln und Rinde für medizinische Zwecke.

Mit der Erfindung neuer Werkstoffe wie Kunststoff oder Beton wurde die Verwendung von Holz zurückgedrängt. Im Bauwesen wurde Holz bis vor nicht allzu langer Zeit eher mit einer historischen oder ländlichen Baukultur in Verbindung gebracht oder als Werkstoff für alternative Lebensweisen abgetan. Das hat sich radikal verändert. Das Interesse am Werkstoff Holz ist mit dem ökologischen Bewusstsein der Gesellschaft in den letzten Jahrzehnten stark gestiegen. Holz erlebt heute eine Renaissance und ist zu einem Sinnbild und Hoffnungsträger für Nachhaltigkeit geworden. Doch Holz ist nicht nur nachhaltig, es ist auch einfach schön. Sein Geruch, seine Haptik und Optik mit einer Vielfalt an Farben und Maserungen sind einzigartig. Kein Stück Holz gleicht dem anderen.

„Mit Holz ist es wie mit der Welt. Je mehr wir darüber wissen, desto schöner wird es." Dieser wunderbare Gedanke stammt von Alfred Teischinger, einem österreichischen Holztechnologen und Mitautor dieses Buches. Wer mehr über Holz erfahren will, sollte als Erstes in den Wald gehen und genau schauen, was dort wächst.

Wie ein Wald funktioniert

Das Wort Wald ist ein schöner Begriff – so kurz, klar und eindeutig. Dabei ist damit ein unglaublich komplexes Ding gemeint: ein Ökosystem, das einen nachhaltigen Rohstoff produziert, Lebensraum vieler Tiere ist und einen unersetzbaren Erholungswert für uns Menschen darstellt; ein System, das Staub und Schadstoffe aus der Luft filtert, Sauerstoff produziert, ausgleichend auf die Temperatur wirkt und uns mit reinem, klarem Trinkwasser versorgt.

In den Märchen ist der Wald voller Fabelwesen, im echten Leben voller Geräusche, Lichtstimmungen, Pilze, Tiere und eben Bäume. Der Wald ist ein wertvolles Ökosystem, das viele Funktionen zugleich erfüllt: Er hat für uns Menschen eine Erholungs-, Schutz-, Wohlfahrts- und Nutzfunktion. Eine Funktion des Waldes bekommt derzeit besonders viel Aufmerksamkeit: die Speicherung von Kohlenstoff. Der Wald entzieht der Atmosphäre CO_2, bindet den Kohlenstoff und produziert dabei Sauerstoff. Den Kohlenstoff speichert der Wald nicht nur im Holz, in den Ästen und Blättern, sondern auch im Waldboden. Hier ist sogar mehr Kohlenstoff gespeichert als in der oberirdischen Biomasse. Damit stellen Wald und Waldboden eine große Kohlenstoffsenke dar und sind essenziell im Kampf gegen den Klimawandel.

Doch sind die Wälder – zumindest global gesehen – durch illegale Abholzungen und Brände bedroht. Jährlich verschwinden auf der Erde Waldflächen, die zusammengenommen größer als Österreich sind. Nur etwa die Hälfte davon wird wieder aufgeforstet. Das hat eklatante Auswirkungen auf das Klima.

Die Wälder in Mitteleuropa hingegen werden nachhaltig bewirtschaftet. Ihre Flächen bleiben konstant oder wachsen sogar weiter an wie in Österreich.

Die Schweiz und Deutschland sind zu mehr als 30 Prozent bewaldet, in Österreich ist es knapp die Hälfte der Landesfläche. Der Erhalt der Wälder steht in der EU an oberster Stelle und ist gesetzlich festgeschrieben. Das war nicht immer so.

Als der Mensch sesshaft wurde, machte er sich den Wald zunutze. Mit dem Wachsen der Bevölkerung stieg der Bedarf an Holz rasant an, es wurden immer mehr Bäume geerntet mit fatalen Folgen. Das Holz wurde knapper und der Wald konnte die Menschen nicht mehr vor Erdrutschen und Überschwemmungen schützen.

In dieser Zeit begründete der Oberberghauptmann Hans Carl von Carlowitz mit seinem Werk „Sylvicultura Oeconomica" den Grundsatz der nachhaltigen Holznutzung: Es sollte immer nur so viel Holz geerntet werden, wie durch eine planmäßige Aufforstung und Waldpflege wieder nachwachsen kann. Aus diesem forstwirtschaftlichen Bewirtschaftungsprinzip entwickelte sich später der Begriff der Nachhaltigkeit.

Der Grundsatz, dass nur so viel geerntet werden darf wie nachwächst, ist längst fester Bestandteil europäischer Forstgesetze. Das Gleiche gilt für die multifunktionale Waldbewirtschaftung, die sich um einen Ausgleich der unterschiedlichen Interessen und Funktionen bemüht: von der Nutzung des Holzes bis zur Biodiversität. In den europäischen Wäldern wächst der Holzvorrat stetig an, weil nie der ganze Zuwachs genutzt wird. Allein in Österreich ist der Holzvorrat von den 1990er Jahren bis heute um mehr als 20 Prozent gestiegen. Damit ist auch viel Holz vorhanden, das wir nutzen können. Immer mehr Kunden und Kundinnen aber wollen sichergehen, dass ein Holzprodukt aus nachhaltiger Waldbewirtschaftung stammt. Als Nachweis dazu dienen Zertifizierungssysteme wie PEFC oder FSC.

Kohlenstoffspeicher im Wald

8 % Äste, Nadeln, Blätter
24 % Stammholz
8 % Wurzeln
59 % Waldboden

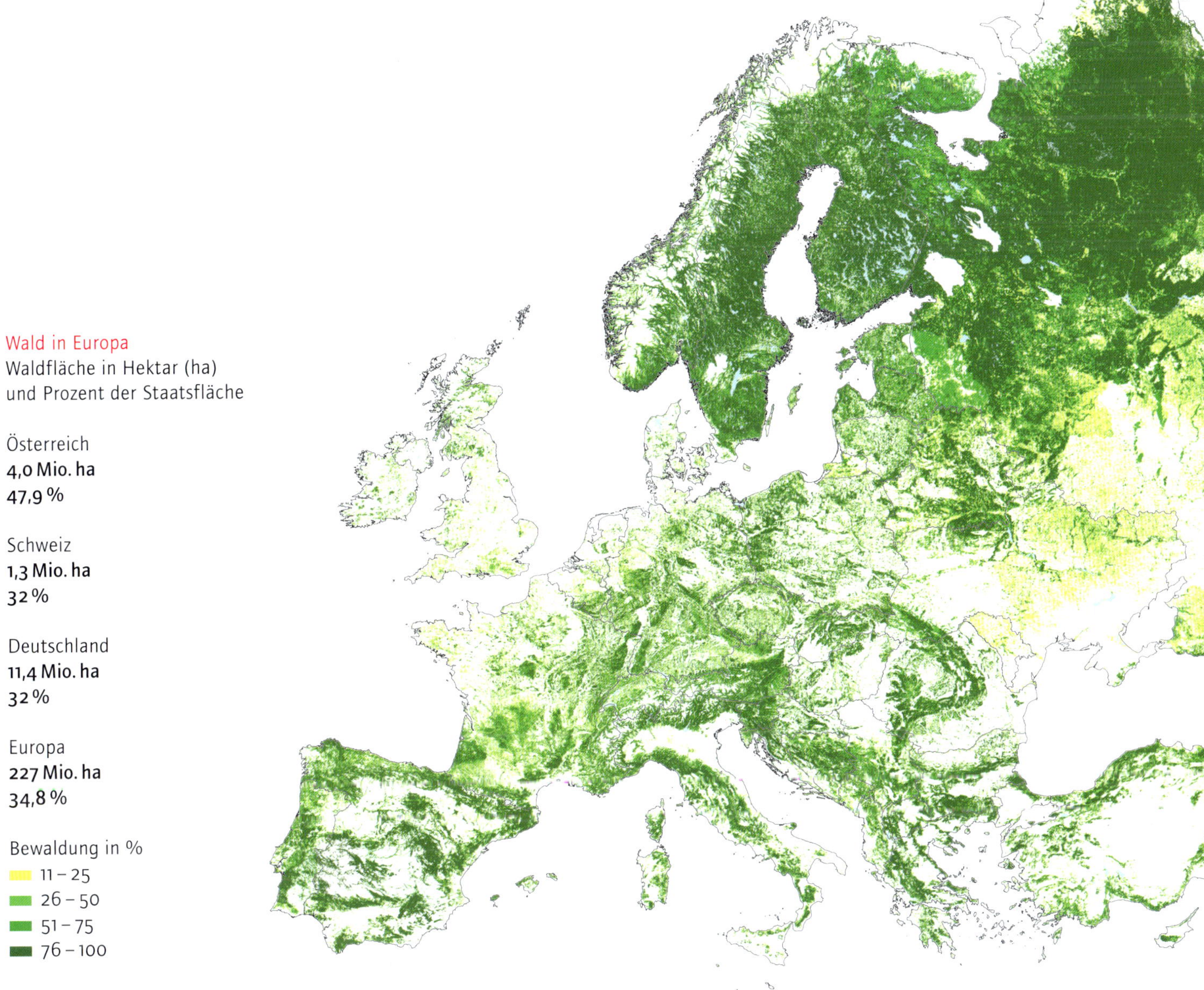

Der klimafitte Wald

Die Fichte ist die häufigste Baumart in mitteleuropäischen Wäldern. Sie wird auch der Brotbaum der Holzwirtschaft genannt, weil sie fast alles Bauholz liefert. Sie wächst schnell und gerade, ihr Holz ist leicht zu bearbeiten und eignet sich auch gut zur Herstellung von Papierzellstoff.
Fichte und Buche sind die zwei häufigsten Baumarten in Mitteleuropa. Die mehr als 60 anderen Baumarten, die in den heimischen Wäldern wachsen, kommen viel seltener vor, sind aber genauso wichtig für das Ökosystem Wald.
Durch den Klimawandel verändern sich jedoch die Wachstumsbedingungen für die Bäume. Besonders der Fichte machen die heißen und trockenen Sommer zu schaffen. Sie ist nicht so trockenresistent wie andere Baumarten. In den letzten Jahren vernichteten Sturmschäden und Borkenkäfer große Fichtenbestände. Deshalb müssen die europäischen Wälder durch eine aktive Waldbewirtschaftung zu sogenannten klimafitten Wäldern umgebaut werden. Statt Monokulturen wird es mehr Mischwälder geben und damit auch weniger Nadelholz und mehr Laubholz. Oberhalb von 600 m Seehöhe wird die Fichte auch weiterhin auf passenden Standorten und in Mischbeständen wachsen.
In niedrigeren Lagen wird im Zuge des nötigen Waldumbaus die Fichte durch ausgewählte Laubhölzer sowie klima- bzw. trockenresistentere Nadelholzarten wie Kiefer, Tanne, Lärche und Douglasie ersetzt werden.

Die Forstwirtschaft ist darum bemüht, genau zu schauen, welche Baumarten am jeweiligen Standort von der Natur forciert werden, um diese individuell und standortbezogen auszuwählen.
Während 80 Prozent des geernteten Nadelholzes stofflich verwertet werden können, ist es beim Laubholz nur ein Drittel.
Auch in den physikalischen und mechanischen Eigenschaften unterscheiden sich die Baumarten. Buche ist zum Beispiel schwerer und fester als Fichte und kann in geringeren Dimensionen eingesetzt werden. Zugleich ist Buche aber auch sehr feuchtigkeitsempfindlich und muss beim Einbau entsprechend sorgsam behandelt werden. Buchenholz wird schon lange in der Möbel-, Parkett- und chemischen Industrie verwendet. Die Branche ist hier nun gefordert, für das steigende Laubholzangebot weitere Anwendungsmöglichkeiten zu entwickeln.

Holz nutzen

In den letzten Jahrzehnten hat der Baustoff Holz die moderne Bauwelt erobert. Intensive Forschungsarbeiten haben neue Holzwerkstoffe hervorgebracht, die wiederum neue und wirtschaftliche Bauweisen mit Holz erlauben. Es wird immer mehr mit Holz und immer höher gebaut.
Die Gründe für die Renaissance des Baustoffs Holz sind auch im gestiegenen Interesse an ressourcenschonenden und nachhaltigen Baulösungen zu finden.

Holz ist ein natürlicher und nachwachsender Rohstoff, der endliche Rohstoffe und emissionsintensive Werkstoffe ersetzen kann, ebenso wie fossile Energieträger (Kohle, Erdöl, Gas). Das ist ein wichtiger Beitrag zur Erreichung der Pariser Klimaziele. Holzprodukte stellen einen temporären Kohlenstoffspeicher dar und ersetzen zugleich Werkstoffe aus fossilen Ressourcen. Laut der österreichischen Studie Care for Paris ist die Substitution fossil basierter sowie energieintensiver Werkstoffe durch die Verwendung von Holzprodukten sogar der größte Hebel für den Klimaschutz, weil dadurch erst gar keine Emissionen anfallen.
Mit Blick auf den CO_2-Kreislauf ist es sowohl ökonomisch als auch ökologisch sinnvoll, das geerntete Holz mehrfach zu nutzen und dann so lange wie möglich im Kreislauf zu halten, bevor es energetisch genutzt wird oder verrottet. So wie alle Ressourcen steht auch Holz nicht unendlich zur Verfügung. Die Branche ist in Zukunft gefordert, aus dem Rundholz mehr Ausbeute und eine höhere Wertschöpfung zu generieren.
Die moderne Entwicklung der Holz- und Holzwerkstoffindustrie war lange Zeit weitgehend auf den Primärrohstoff „Frischholz" angewiesen. Heute kann man ein durch fachgerechte Sortierung und weitere Behandlung entsprechend aufbereitetes Altholz wieder in den Fertigungsprozess einschleusen. Spanplatten haben heute einen Altholzanteil von rund 30 Prozent. Dennoch wird auch heute noch ein Großteil des Altholzes energetisch genutzt.

Quellen: Kohlenstoffspeicher Wald: Bundesforschungszentrum für Wald (BFW), Europakarte: siehe Quellenverweis S. 107, Österreich: Waldinventur 2016–21; Deutschland: Dritte Bundeswaldinventur 2012; Schweiz: Schweizerisches Landesforstinventar, fünfte Erhebung 2018/26 (siehe auch S. 107); Europa: Global Forest Resource Assessment 2020, FAO

Holz ist nicht gleich Holz

Jede Holzart hat spezifische Eigenschaften und im Laufe der Menschheitsgeschichte zu spezifischen Anwendungen gefunden. Durch die Industrialisierung der Holzverarbeitung sind neue Anwendungen hinzugekommen, andere in Vergessenheit geraten. Heute werden die Stämme nach der Ernte von der Säge- und Holzindustrie entrindet, vermessen, eingeschnitten, sortiert, getrocknet und zu Sägeprodukten und Holzwerkstoffen weiterverarbeitet. Das geerntete und aufbereitete Rundholz kann mechanisch zu Schnittholz oder Furnieren verarbeitet oder für die Herstellung von Holzwerkstoffen zu Fasern und Spänen zerkleinert werden. Als Nebenprodukt werden auch Pellets aus Sägespänen hergestellt. Mithilfe von Chemikalien kann Holz auch in seine chemischen Grundbestandteile aufgeschlossen werden. Aus Zellulose, Hemizellulose und Lignin wird dann eine Fülle an Produkten gefertigt. Aus Papierzellstoff werden Papier und Karton hergestellt, aus reinem Zellstoff hingegen Textilien und Vliesstoffe. Im Zuge der Zellstoffherstellung wird eine Vielzahl an weiteren wertschöpfenden Produkten gewonnen wie der Süßstoff Xylit aus der Hemicellulose, der Aromastoff Vanillin aus Lignin. Tallöl wiederum ist ein Nebenprodukt der Zellstoffherstellung aus Nadelholz und wird für die Herstellung von biobasierten Kunststoffen wie Verpackungsfolien, Getränkekartons und Kaffeekapseln verwendet. Doch wer denkt bei der durchsichtigen Folie, mit der Obst und Gemüse im Supermarkt verpackt sind, an Holz? Aber dort, wo Holz als solches sicht- und begreifbar ist, ob als Fußbodenbelag, als Möbelstück oder Gebrauchsgegenstand, entfaltet es seine größte Kraft. Genau dort spricht es uns Menschen emotional an, weil es gut riecht, angenehm anzufassen ist und eine unvergleichliche Optik hat, die durch die Überlagerung von Farbe und Struktur der jeweiligen Holzart entsteht.
„Wer kann allen Brauch des Holzes erzählen?", heißt es schon in einer Tischrede von Martin Luther, in der er 1532 über Holz und seine Bedeutung für das menschliche Leben spricht: „In summa, Holz ist der größten und nöthigsten Dinge eines in der Welt, des man bedarf und nicht entbehren kann." Bewahren wir uns diesen Reichtum, den die Natur uns schenkt.

Stetig wachsender Holzvorrat

Holzvorrat in Österreich 1.216 Mio. m³

Jährlicher Zuwachs 29 Mio. m³

26 Mio. m³ Nutzung

Holzvorrat in der Schweiz 415 Mio. m³

Jährlicher Zuwachs 10 Mio. m³

9,3 Mio. m³ Nutzung

Holzvorrat in Deutschland 3.663 Mio. m³

Jährlicher Zuwachs 121,6 Mio. m³

Bestandserweiterung

Vorrat, Zuwachs, Nutzung werden in Österreich in Vorratsfestmeter angegeben (Vfm); Nutzung inklusive Bäume, die natürlich umfallen

Klimawirkung von Wald und Holznutzung

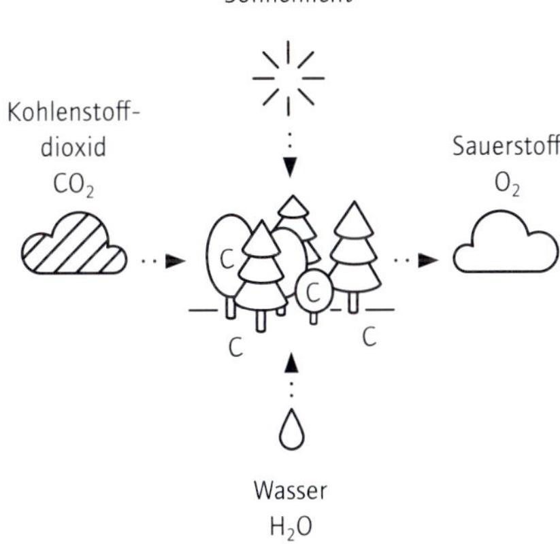

Das Prinzip der Fotosynthese
Beim Wachstum der Bäume wird CO_2 der Luft entzogen, der Kohlenstoff wird im Holz der Bäume und im Boden gespeichert.

$6\ CO_2 + 6\ H_2O + \text{Licht} = C_6H_{12}O_6 + 6\ O_2$
Kohlenstoffdioxid + Wasser + Sonnenlicht = Traubenzucker (Glukose) + Sauerstoff

Alfred Teischinger

Die Wirkung des Waldes und der Holznutzung auf das Klima beruht auf drei Pfeilern:

_ Kohlenstoffspeicherung im Wald (in der Biomasse Holz und im Waldboden)
_ Kohlenstoffspeicher in den Holzprodukten
_ Stoffliche und energetische Substitution: Die Gewinnung und Verarbeitung von Holz benötigt deutlich weniger Energie als jene vergleichbarer Bau- und Werkstoffe.

Die Klimawirkung von Wald und Holznutzung wird oft kontroversiell diskutiert. Diese Kontroversen ergeben sich aus den unterschiedlichen Perspektiven und vor allem aus den betrachteten Systemgrenzen von Rohstoffgewinnung, Produktion und Lebenszyklus der Produkte.
Deshalb ist es wichtig, die Vorgänge der Fotosynthese und Kohlenstoffspeicherung im Wald und im Holz zu verstehen und diese im Zusammenhang mit der Waldbewirtschaftung und Holznutzung zu sehen.

Fotosynthese

Wald und Holz speichern grundsätzlich kein Kohlenstoffdioxid (CO_2), sondern Kohlenstoff (C). Im mehrstufigen biochemischen Prozess der Fotosynthese entziehen die Blätter und Nadeln der Bäume der Luft beim Wachstum CO_2 und wandeln dieses in Zuckerbaustoffe als Energie für das Pflanzenwachstum um. Beim Wachstum der pflanzlichen Zellen wird dann letztendlich der aus dem CO_2 stammende Kohlenstoff (C) in die Holzbestandteile Cellulose, Hemicellulose und Lignin eingebaut und gespeichert. Durch die chemische Reaktion mit Wasser, das über die Wurzeln angesaugt wird, und aus dem CO_2 entsteht Sauerstoff (O_2), der wieder an die Umgebung abgegeben wird. Vereinfacht kann man sagen: Ein Kubikmeter Holz bindet etwa eine Tonne Kohlendioxid, im Zuge der Fotosynthese entstehen 0,7 Tonnen Sauerstoff. Je leichter eine Holzart ist, desto weniger Kohlenstoff ist pro Kubikmeter Holz gespeichert.

Klimawirkung

In welchem Alter entzieht ein Wald der Atmosphäre am meisten CO_2? Berechnen kann man das nicht auf den einzelnen Baum, sondern nur, wenn man die jährliche CO_2-Aufnahme aus der Luft pro Hektar Waldfläche betrachtet.
Pro Hektar Wald haben die Bäume im Alter von 40 bis 60 Jahren die höchste Produktivität in Bezug auf Holzwachstum und Biomassezunahme und damit auch auf ihre Kohlenstoffaufnahme.
Auf einer jungen Waldfläche müssen sich die Bäume im Jugendwachstum erst entwickeln, bis sie für die Fotosynthese genügend Nadeln oder Blätter haben. Wird der Wald nicht bewirtschaftet, überaltert er und die alten Bäume sterben ab. Die Gesamtproduktivität über die Fläche verteilt wird damit niedriger. Die optimalen Produktivitätszeiten sind natürlich abhängig von der Baumart und den Wuchsbedingungen am jeweiligen Standort.

Kohlenstoffkreislauf

Über große Zeiträume und Regionen und ohne menschliche Eingriffe wäre ein Wald weitgehend im Gleichgewicht. Es würde so viel nachwachsen, wie durch Nichtnutzung an Bäumen abstirbt. Das heißt, es wird beim Wachstum der Bäume etwa so viel CO_2 der Atmosphäre entzogen, wie durch die natürliche Zersetzung des Holzes wieder abgegeben wird. Die abgestorbenen Pflanzen dienen Mikroorganismen wie Pilzen als Nahrungsquelle. Das dabei entstehende CO_2 wird im natürlichen Kreislauf der Natur wieder freigesetzt. Die Kohlenstoffspeicherung im Rohstoff Holz kann nur erhalten bleiben, wenn das Holz rechtzeitig vor dem unweigerlichen Absterben der Bäume geerntet und in Holzprodukten genutzt wird. In diesem Fall entsteht durch den aus Holz gebauten Raum ein „zweiter Wald" und erweitert bzw. verlängert die Kohlenstoffspeicherung. Wichtig ist, die verschiedenen Holzprodukte möglichst in einer Kreislaufwirtschaft bzw. in langen Nutzungszyklen zu halten. Damit entsteht ein neuer Speicherzyklus von Kohlenstoff. Zusätzlich werden bei der Substitution von energieintensiven Bau- und Werkstoffen durch Holz die Treibhausgasemissionen aus deren Produktionsprozessen direkt reduziert.

106 Mio. m^3
Nutzung

24 Baum- und Holzarten

Auf den folgenden Seiten werden 24 Baum- und Holzarten vorgestellt, die in Österreich, Deutschland und der Schweiz heimisch sind, natürlich vorkommen bzw. kultiviert sind. Die Auswahl konzentriert sich vor allem auf wirtschaftlich relevante Holzarten. Beschreibungen, Eigenschaften, bevorzugte Verwendungsbereiche, physikalische und mechanisch-technologische Kenndaten sind einander gegenübergestellt.

Materialkennwerte

Bei den physikalischen und mechanischen Kennwerten handelt es sich, soweit nicht anders bezeichnet, um Mittelwerte aus Prüfungen an fehlerfreien Proben.
Zur besseren Beurteilung von Eigenschaftswerten sind auch die Streuungen der Einzelwerte um den Mittelwert interessant. Im Allgemeinen kann unabhängig von der Holzart mit folgenden Variationskoeffizienten (= Standardabweichung/Mittelwert × 100 %) gerechnet werden:

Rohdichte	10 %
Biegefestigkeit	16 %
Druckfestigkeit	18 %
Elastizitätsmodul	22 %

Die Zusammenstellung der Kennwerte erfolgte im Zuge des Projekts „Kennwerte von Holzarten" unter Einbeziehung verschiedener europäischer Standardwerke (siehe Quellenverweis, S. 107). Die Kennwerte sind im Rahmen ihres Streumaßes für Holz europäischer, speziell mitteleuropäischer Provenienz repräsentativ, also in Österreich, der Schweiz und Deutschland anwendbar.

Bemessungen im Holzbau

Im Holzbau erfolgt die Bemessung von Holzbauteilen nach dem Eurocode 5 (EN 1995-1-1).
Bei der Bemessung nach Eurocode 5 rechnet man nicht mit den Materialkennwerten, sondern mit charakteristischen Werten. Ein charakteristischer Wert ist der repräsentative Wert einer Materialeigenschaft. Dabei wird nicht zwischen den einzelnen Holzarten unterschieden, sondern nur zwischen Laub- und Nadelholz. Beim Sortiervorgang werden dem Schnittholz (Brettern oder Balken) Festigkeitsklassen zugeordnet. Aus diesen Festigkeitsklassen ergeben sich die charakteristischen Werte, die für die Bemessung nach Eurocode herangezogen werden. Ein „charakteristischer Wert" ist ein Wert, der einem Fraktil der statistischen Verteilung einer Eigenschaft entspricht. Für Festigkeitseigenschaften, Elastizitätsmodul und Rohdichte gilt die 5-Prozent-Fraktile. Beim Elastizitätsmodul ist auch der Mittelwert ein charakteristischer Wert (siehe S. 106).

Holzansichten

Die Muster für die Abbildung der Holzansichten wurden möglichst repräsentativ ausgewählt und die Reproduktion weitgehend naturnah umgesetzt. Im oberen Bildteil der Holzartenabbildungen wurde das Erscheinungsbild lackierter Oberflächen nachempfunden. Holzbilder bleiben jedoch Abbildungen von Individuen. Jeder Baum, jedes Brett, jedes Stück Holz, selbst derselben Holzart, ist anders. Durch Licht- und Wettereinwirkungen verändert verbautes Holz seine Erscheinung. Diese Gegebenheiten sollten bei der Verwendung von Holz immer bedacht werden.

Begriffe und Definitionen siehe Glossar auf den Seiten 108 bis 111
Normen siehe Seite 106

Die auf den folgenden Seiten angeführten Kennwerte sind auch Basis der aktuellen Überarbeitung der ÖNORM B 3012 (2023). Ausnahmen sind die Werte für Eibe, Elsbeere und Platane. Diese stammen aus den Standardwerken wie „Eigenschaften und Kenngrößen von Holzarten" von Jürgen Sell (1987) und „Holzatlas" von Rudi Wagenführ und André Wagenführ (2021).

Indizes:
- 0 parallel zur Faser
- 90 quer zur Faser
- l längs bzw. axial
- r radial
- t tangential

Die häufigsten Baumarten im DACH-Raum
Anteil der Baumarten an der Gesamtstammzahl

Fichte	Buche	Kiefer	Lärche	Ahorn	Esche	Tanne	Eiche	Birke	Douglasie	
58,4 %	**11,6 %**	**4,5 %**	**4,4 %**	**2,6 %**	**2,5 %**	**2,4 %**	**2,0 %**	**1,6 %**	**0,2 %**	**Österreich**
28,9 %	14,3 %	23,9 %	1,7 %	2,9 %	2,1 %	1,5 %	7,2 %	5,4 %	1,7 %	Deutschland
36,2 %	17,9 %	3,0 %	5,7 %	6,1 %	3,8 %	10,9 %	1,9 %	2,0 %	0,2 %	Schweiz

Quelle: Österreich: Waldinventur 2016–21; Deutschland: Dritte Bundeswaldinventur 2012; Schweiz: Schweizerisches Landesforstinventar, fünfte Erhebung 2018/26

Ahorn

Weitere Handelsnamen Bergahorn | Spitzahorn
Englisch Maple
Botanischer Name *Acer pseudoplatanus* L. | *Acer platanoides* L.
Kurzzeichen BA | SA (EN-Kurzzeichen: ACPS | ACPL)

Der Bergahorn erreicht Höhen bis 35 m, der Spitzahorn 30 m und Stammdurchmesser bis 1 m. Die Rinde zeigt beim Bergahorn eine glatte Schuppenborke, beim Spitzahorn eine längsrissige mittelgrobe Borke. Die Ahornarten haben handförmig gelappte Blätter, beim Bergahorn sind sie am Rand grobgesägt, der Spitzahorn hat nur einzelne Blattzähne und ist sonst ganzrandig. Die zweiflügeligen Früchte sind als „Nasenzwicker" oder „Propeller" schon den Kindern bekannt.

Erkennungsmerkmale des Holzes

Farbe Splint und Kernholz bei Bergahorn weißlich, bei Spitzahorn rötlichweiß
Querschnitt zerstreutporig, die Jahrringgrenzen sind fein, aber gut erkennbar
Radialschnitt feine, glänzende Spiegel, zart gestreifte Textur, oft geriegelt
Tangentialschnitt feine Fladerzeichnung
Geruch nicht auffallend
Härte mittelhart

Physikalische Kennwerte

Rohdichte	Bergahorn	Spitzahorn
Mittelwerte ρ_{12}	616	637 kg/m³
Grenzwerte ρ_{12}	518–790	550–700 kg/m³
Schwind- und Quellmaße		
Gesamtschwindmaß		
axial $\beta_{l,max}$	0,5	0,4–0,5 %
radial $\beta_{r,max}$	3,3	3,8 %
tangential $\beta_{t,max}$	7,1	8,6 %
Differenzielle Quellung		
radial q_r	0,15	0,15 %/%
tangential q_t	0,27	0,27 %/%

Mechanische Kennwerte

Elastische Eigenschaften	Bergahorn	Spitzahorn
Biege-Elastizitätsmodul E_l	10.500	10.700 N/mm²
Festigkeitseigenschaften		
Biegefestigkeit f_m	101	110 N/mm²
Zugfestigkeit $f_{t,0}$	110	115 N/mm²
Druckfestigkeit $f_{c,0}$	51	54 N/mm²
Härte		
Brinellhärte HB_0	59	58 N/mm²
Brinellhärte HB_{90}	28	29 N/mm²

Sonstige Kennwerte

	Bergahorn	Spitzahorn
Wärmeleitfähigkeit λ	0,144	0,140 W/mK
Natürliche Dauerhaftigkeit		
Pilze	5, nicht dauerhaft	5
Hausbockkäfer	D, dauerhaft	D
Anobium	S, nicht dauerhaft	S
Tränkbarkeit		
Kernholz	1, gut tränkbar	1
Splintholz	1, gut tränkbar	1
Farbe		
Farbwert (L*a*b*)	87,9*5,3*22,3*	–

Angaben für Bergahorn | Angaben für Spitzahorn

Kulturgeschichtliches Aus Ahornholz gefertigte Löffel, Becher, Teller und Schüsseln dienten bis in die Neuzeit breiten Bevölkerungskreisen als Gefäße für Speis und Trank. Dank feiner Poren bewährten sie sich auch in hygienischer Hinsicht und der weißliche Farbton wirkte sauber. Das Drechseln, wofür sich Ahornholz gut eignet, ist eine uralte mechanische Bearbeitungsweise. Allerdings haben sich wegen der Vergänglichkeit des Holzes kaum Zeugnisse erhalten. Hin und wieder begegnet es uns als Tischplatte, die vom regelmäßigen Abwischen angenehm seidig glänzt und die Geschichte ihres Gebrauchs erzählt.

Allgemeines Von den heimischen Ahornarten sind nur Bergahorn und Spitzahorn für die Forst- und Holzwirtschaft von Bedeutung. Feldahorn (*Acer campestre* L.) spielt eine untergeordnete Rolle. Ahornbäume wachsen in Mischwäldern und auf freier Flur. Der Ahorn wächst anfangs sehr schnell. Bergahorn kann bis zu 300 Jahre alt werden, Spitzahorn erreicht das Höchstalter mit 150 Jahren. Ersterer wird meist ab 0,4 m Durchmesser genutzt, weil mit zunehmendem Durchmesser störende Verfärbungen auftreten können.

Holzcharakteristik Makroskopisch werden Zuwachszonengrenzen oft, aber nicht immer, durch sehr schmale, scharf begrenzte dunkle Spätholzzonen hervorgehoben. Bergahorn zählt zu den hellsten heimischen Holzarten. Unter Lichteinfluss wechselt die Farbe zu Gelblichbraun. Bei alten Bäumen kann es zu farblich abgesetzter fakultativer Kernbildung kommen. Trotz fast weißer Grundfärbung können Hölzer vom selben Stamm einen Hell-Dunkel-Kontrast aufweisen, der infolge unterschiedlicher Reflexion von Licht entsteht und vornehmlich zwischen gestürzten Furnieren oder Hölzern zu beobachten ist. Verursacht wird dies durch eine von der Schnittebene abweichende Faserrichtung. Auf Tangentialflächen sind die rötlichen oder blassbraunen Spindeln der zahlreichen Holzstrahlen mit bloßem Auge erkennbar und beleben das Bild. Auf Radialflächen beeinflussen die Spiegel der Holzstrahlen, ähnlich jenen der Buche, aber feiner, das Holzbild. Für alle Ahornarten ist das häufige Vorkommen einer Wuchsausprägung mit welligem Faserverlauf charakteristisch. Dies führt zum speziellen optischen Effekt der Riegelungstextur. Die besonders wertvolle Vogelaugentextur findet sich vor allem beim Zuckerahorn.

Eigenschaften Mit 582 kg/m³ ist der Bergahorn etwas leichter als der Spitzahorn, der eine Darrdichte von 595 kg/m³ aufweist. Die Brinellhärte beträgt 28 bzw. 29 N/mm². Ahornholz ist schwer spaltbar, seine Bearbeitung problemlos. Alle Ahornhölzer sind gut messer- und schälbar und die Biegefähigkeit ist bei geradfaserigem Wuchs allgemein gut. Besonders Bergahorn eignet sich zum Fräsen, Drechseln, Bohren und Schnitzen. Sein Holz lässt sich gut beizen und allen sonstigen Oberflächenbehandlungsverfahren unterziehen. Bei der Trocknung ist eine längere Feuchtehaltung bei höheren Temperaturen zu vermeiden, da es zu unerwünschten Verfärbungen kommen kann. Bei zu stapelndem Schnittholz sollten Stapelleisten mit kleiner Auflage verwendet werden und ausreichend Zwischenraum für eine gute Durchlüftung des Stapels gelassen werden. Ahornholz ist nicht dauerhaft (Dauerhaftigkeitsklasse 5), gut tränkbar und anfällig für tierische Schädlinge (Anobien).

Verwendung Ahornholz eignet sich für dekorative Furniere, Schälfurniere (Sperrholz), für Möbel, als Fußböden (Parkett, Dielen), für Treppenstufen sowie für Werkzeuge und Maschinenbauteile. Im Musikinstrumentenbau wird es zu Holzblasinstrumenten (Blockflöte, Fagott usw.) verarbeitet und dient als Böden von Streichinstrumenten. Verwendet wird es darüber hinaus für Kinderspielzeug, Küchengeräte (Kochlöffel, Schnittbretter, Buttermodel usw.) und als Schnitzholz für die Bildhauerei.

Ähnliches Holz Birke

13 Ahorn 14 Vogelaugenahorn 15 Riegelahorn

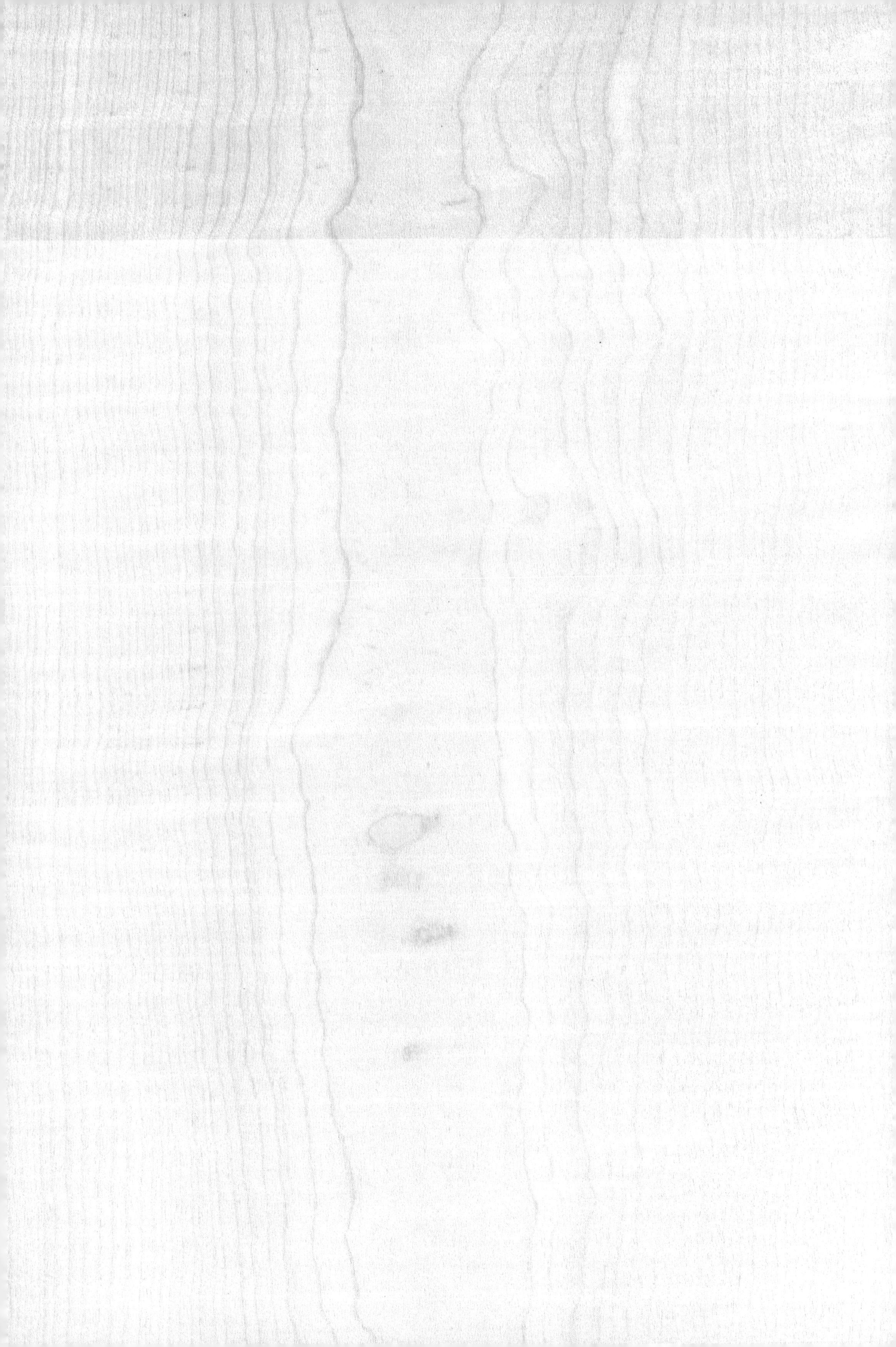

Birke

Weitere Handelsnamen Weiß-, Hängebirke; Moor-, Haarbirke
Englisch Common birch
Botanischer Name *Betula pendula* Roth.; *Betula pubescens* Ehrh.
Kurzzeichen BI (EN-Kurzzeichen: BTXX)

Birken erreichen Höhen bis 30 m, die Kronenform ist unregelmäßig, ihre Zweige sind sehr biegsam. Die weiße Rinde junger Birken fällt schon von weitem auf. Später geht sie im unteren Stammbereich in eine schwarze, rissige Borke über. Die kleinen, rhombischen Birkenblätter verfärben sich im Herbst leuchtend gelb. Die geflügelten Samen reifen in den hängenden Fruchtzäpfchen und werden vom Wind weit verbreitet.

Erkennungsmerkmale des Holzes

Farbe Splint und Kern elfenbeingelb bis graurötlich
Querschnitt Jahrringgrenzen nur schwach markiert
Radialschnitt schlichte Textur
Tangentialschnitt schwach gefladert, fallweise Markflecken
Geruch nicht auffallend
Härte mittelhart

Physikalische Kennwerte

Rohdichte	
Mittelwerte ρ_{12}	646 kg/m³
Grenzwerte ρ_{12}	510 – 830 kg/m³
Schwind- und Quellmaße	
Gesamtschwindmaß	
axial $\beta_{l,max}$	0,6 %
radial $\beta_{r,max}$	5,0 %
tangential $\beta_{t,max}$	7,9 %
Differenzielle Quellung	
radial q_r	0,22 %/%
tangential q_t	0,30 %/%

Mechanische Kennwerte

Elastische Eigenschaften	
Biege-Elastizitätsmodul E_l	14.700 N/mm²
Festigkeitseigenschaften	
Biegefestigkeit f_m	127 N/mm²
Zugfestigkeit $f_{t,0}$	145 N/mm²
Druckfestigkeit $f_{c,0}$	53 N/mm²
Härte	
Brinellhärte HB_0	44 N/mm²
Brinellhärte HB_{90}	25 N/mm²

Sonstige Kennwerte

Wärmeleitfähigkeit λ	0,152 W/mK
Gleichgew.-Feuchte ω_{37} (20°/37 %)	6,9 %
Gleichgew.-Feuchte ω_{83} (20°/83 %)	16,1 %
Natürliche Dauerhaftigkeit	
Pilze	5, nicht dauerhaft
Hausbockkäfer	D, dauerhaft
Anobium	S, nicht dauerhaft
Tränkbarkeit	
Kernholz	1 bis 2, gut bis mäßig tränkbar
Splintholz	1 bis 2, gut bis mäßig tränkbar
Farbe	
Farbwert (L*a*b*)	80,7*7,8*25,3*

Kulturgeschichtliches Wegen ihrer auffälligen weißen Rinde ist die Birke gern gesehen. Winterhart und nahezu überall wachsend, liefert sie den Menschen seit Jahrtausenden mit Rinde, Holz, Zweigen und Blättern die Grundstoffe für zahlreiche nützliche Zwecke. Nicht unwesentlich dürfte jener als wasserfestes Klebemittel aus dem Teer der Rinde sein, das den Menschen bereits zur Jungsteinzeit beste Dienste leistete. In Nordeuropa gilt die Birke als kultureller Leitbaum und Mythenträger, allgemein geschätzt, breit genützt und vielfach besungen.

Allgemeines Weißbirke und Moorbirke sind in ihren Baum- und Holzmerkmalen sehr ähnlich. Man spricht daher allgemein von Birke und Birkenholz. Als robuster Pionierbaum besiedelt die Birke als erste Baumart Kahlflächen, Lichtungen und Waldränder. Sie ist fast überall in Europa bis in Höhen von 2.000 m verbreitet. Als typische Lichtbaumart wächst die Birke anfangs rasch, ist aber mit einem Höchstalter von 120 Jahren relativ kurzlebig. Aufgrund ihrer technischen Werte gewinnt die Birke heute in neuen Holzanwendungen wieder zunehmend an Bedeutung.

Holzcharakteristik An dem typisch zerstreutporigen Laubholz sind auf perfekt glatten Querschnitten die Poren als feine helle Punkte erkennbar. Die Jahrringgrenzen werden durch schmale dunkle Spätholzstreifen und gelegentlich erkennbare marginale Parenchymbänder markiert. Das blassgelbe bis rötlichweiße Holz vergilbt nur wenig. Oft zeigen die Hirnflächen rötlichbraune, tangential gerichtete Markflecken, die am Tangentialschnitt als Streifen auffallen. Eingewachsene feine Rindenteile können bei finnischen Birken eine als Maserbirke bezeichnete, rötlichbraune Struktur hervorrufen.

Eigenschaften Birkenholz ist schwer (Darrdichte 615 kg/m³) und mit einer Brinellhärte von 25 N/mm² mittelhart. Es ist ein besonders zähes, elastisches Holz. Jede Bearbeitung wie Hobeln, Fräsen, Drechseln, Schnitzen, Messern und Schälen ist sauber durchführbar. Birkenhölzer lassen sich überdies gut biegen. Lediglich eine Verleimung wird durch die dichte Oberfläche etwas erschwert. Das Holz lässt sich gut trocknen, neigt aber zum Verwerfen. Länger anhaltende Feuchteeinwirkung führt zu unerwünschten Verfärbungen. Daher sollte es möglichst schnell vorgetrocknet werden. Birkenholz ist anfällig für Insekten- und Pilzbefall (Dauerhaftigkeitsklasse 5). Die Tränkbarkeit ist gut bis mäßig.

Verwendung Birkenholz mit welligem Faserverlauf ist für Edelfurniere gefragt (Maserbirke). In den nordischen Ländern wird Birkenholz in großem Umfang zu Sperrholz verarbeitet. Unter den hellen Parketthölzern ist Birke geschätzt. Im Möbelbau wird das Holz nicht selten in verschiedensten Farbtönen verwendet, da es sich leicht einfärben lässt. Weitere Anwendungsgebiete sind Drechselwaren, Kinderspielzeug, Küchengeräte, Schnitz- und Bildhauerarbeiten sowie technische Geräte. In Österreich dient Birkenholz schwächerer Dimension vor allem zur Erzeugung von Span- und Faserplatten. Wegen des geringen Funkenflugs ist die Birke als Kaminfeuerholz sehr beliebt.

Ähnliches Holz Ahorn

17 Birke 18 Maserbirke

Birnbaum

Weiterer Handelsname Mostbirne; Wild-, Holzbirne
Englisch Pear
Botanischer Name *Pyrus communis* L.; *Pyrus pyraster* L. Du Roi
Kurzzeichen BB

Wildbirnen haben oft eine pyramidale Kronenform, im Wald können sie bis zu 20 m hoch werden. Die Rinde weist frühzeitig eine schwarzgraue, durch Längs- und Querrisse zerklüftete Borke auf. Die Blätter sind eiförmig, fein gesägt und dunkelgrün glänzend. Die herbe, saure Frucht der Wildbirne hat die gleiche Form wie die Kultursorten, ist aber sehr klein.

Erkennungsmerkmale des Holzes

Farbe Splint und Kern gleich blassrötlich, rotbraun nachdunkelnd
Querschnitt Jahrringgrenzen sind schwach erkennbar, die feinen zerstreuten Poren sind für das bloße Auge nicht sichtbar
Radialschnitt schlichte Textur, feine Spiegel und gelegentlich geriegelt
Tangentialschnitt sehr zarte Fladerzeichnung, nicht selten Markflecken
Geruch im frischen Zustand süßlich
Härte mittelhart

Physikalische Kennwerte

Rohdichte	
Mittelwerte ρ_{12}	724 kg/m³
Grenzwerte ρ_{12}	600 – 800 kg/m³
Schwind- und Quellmaße	
Gesamtschwindmaß	
axial $\beta_{l,max}$	0,4 %
radial $\beta_{r,max}$	4,4 %
tangential $\beta_{t,max}$	8,9 %
Differenzielle Quellung	
radial q_r	0,16 %/%
tangential q_t	0,33 %/%

Mechanische Kennwerte

Elastische Eigenschaften	
Biege-Elastizitätsmodul E_l	7.700 N/mm²
Festigkeitseigenschaften	
Biegefestigkeit f_m	86 N/mm²
Zugfestigkeit $f_{t,0}$	98 N/mm²
Druckfestigkeit $f_{c,0}$	49 N/mm²
Härte	
Brinellhärte HB_0	65 N/mm²
Brinellhärte HB_{90}	29 N/mm²

Sonstige Kennwerte

Wärmeleitfähigkeit λ	0,165 W/mK
Natürliche Dauerhaftigkeit	
Pilze	4, wenig dauerhaft
Hausbockkäfer	n. a.
Anobium	n. a.
Tränkbarkeit	
Kernholz	n. a.
Splintholz	n. a.
Farbe	
Farbwert (L*a*b*)	60,3*16,4*27,7*

Kulturgeschichtliches Das dichte, harte, feinfaserige und gleichmäßig gemaserte Holz der Wildbirne dient seit dem Mittelalter Schnitzern und Holzschneidern zur Herstellung von Modeln für Gebäck und Stoffdruck. Bis weit ins 20. Jahrhundert bestanden auch die großen Lettern im Handsatz daraus, ebenso die Dreiecke und Reißschienen der Zeichentische. Nur im Modellbau findet das homogen wirkende rotbraune Holz heute noch Liebhaber. Als Kulturformen züchteten die Menschen seit der Bronzezeit über 1.500 essbare Birnensorten. Theodor Fontane setzte dem gütigen „Herrn von Ribbeck auf Ribbeck im Havelland" und seinem Birnbaum ein literarisches Denkmal.

Allgemeines Die Wildbirne wächst gern an Waldrändern und in lockeren Wäldern. Sie unterscheidet sich von der Kulturbirne durch die mit Dornen besetzten Zweige und die ungenießbaren Früchte. Die Grenze zwischen Wild- und Edelobst liegt bei der Mostbirne, die noch pressbare, Obstsaft liefernde Früchte trägt. Schöne, für die Holznutzung verwertbare Stämme weisen astfreie Stammlängen von 6 m auf, nicht immer haben sie eine zylindrische Stammform, sie sind auch spannrückig und häufig drehwüchsig. Wie die anderen Obst tragenden Baumarten zählt die Birne zu den kurzlebigen Bäumen und wird selten über 100 Jahre alt.

Holzcharakteristik Die Jahrringgrenzen sind meist durch ein schmales, unscharf abgegrenztes Spätholzband markiert. Zur Verarbeitung wird die natürliche helle Farbe des Birnenholzes durch Dämpfen in einen rötlichbraunen Farbton verschoben. Im Holz älterer Bäume kommt nicht selten ein braunviolettes fakultatives Kernholz vor. An den Hirnholzflächen findet man häufig tangential gerichtete Markflecken, die am Tangentialschnitt gut sichtbar sind.

Eigenschaften Birnbaumholz ist sehr dicht (Darrdichte 672 kg/m³) und mittelhart (Brinellhärte 29 N/mm²). In der Literatur findet man sehr unterschiedliche Angaben über die Höhe der Schwindwerte, von 6,1 bis 9,1 % tangential und von 3,1 bis 4,6 % radial. Allgemein wird es als mäßig schwindend beschrieben, was für Anwendungen mit hoher Härte und guter Formstabilität günstig ist. Das Holz ist leicht und sauber zu bearbeiten und dank seiner gleichmäßigen Struktur besonders gut zu fräsen, drechseln und schnitzen. Das Trocknungsverhalten ist befriedigend, das Holz neigt aber auch bei Furnieren relativ stark zu Verwerfungen. Es ist gut zu beizen und zu polieren. Birnbaumholz ist nicht dauerhaft (Klasse 5) und mäßig tränkbar.

Verwendung Im Innenausbau und für Möbel wird Birnbaumholz in Form dekorativer Furniere verwendet, im Musikinstrumentenbau ist es neben Ahorn das am meisten verwendete Holz für Blockflöten. Es dient als Schnitzholz, in der Bildhauerei, als Drechslerholz sowie für Zeichengeräte und Maschinenteile. Da im Furnierhandel manchmal nicht genügend Birnenholz zur Verfügung steht, wird als gleichwertige Variante Elsbeere verwendet.

Ähnliche Hölzer Apfelbaum, Elsbeere

Buche

Weiterer Handelsname Rotbuche
Englisch European Beech
Botanischer Name *Fagus sylvatica* L.
Kurzzeichen BU (EN-Kurzzeichen: FASY)

Im geschlossenen Bestand mit hoch angesetzter Krone bis zu 40 m hoch. Auf der glatten, hellgrauen Rinde sind die Narben der abgestorbenen Äste besonders markant. Wegen ihrer Ähnlichkeit mit einem herabhängenden Schnurrbart werden sie Chinesenbärte genannt. Die dunkelgrünen Blätter sind oval und ganzrandig. Die Baumblüte und Samenbildung findet nur alle drei bis sechs Jahre als Samenmast statt. Dann ist der Waldboden bedeckt von den braunen, mit Stacheln besetzten Fruchtbechern und den darin sitzenden Bucheckern.

Erkennungsmerkmale des Holzes

Farbe Kern und Splint rötlichweiß, gedämpft rötlich bis rotbraun
Querschnitt Jahrringgrenzen gut erkennbar und am Schnittpunkt mit den markanten Holzstrahlen oft eingekerbt, Poren mit bloßem Auge nicht sichtbar, zerstreutporig
Radialschnitt leicht gestreift mit großflächigem Spiegel
Tangentialschnitt neben dem Flader eine charakteristische feine, braune Strichelung durch die Holzstrahlen
Geruch nicht auffallend
Härte hart

Physikalische Kennwerte

Rohdichte	
Mittelwerte ρ_{12}	713 kg/m³
Grenzwerte ρ_{12}	530 – 910 kg/m³
Schwind- und Quellmaße	
Gesamtschwindmaß	
axial $\beta_{l,max}$	0,3 %
radial $\beta_{r,max}$	5,4 %
tangential $\beta_{t,max}$	12,3 %
Differenzielle Quellung	
radial q_r	0,21 %/%
tangential q_t	0,41 %/%

Mechanische Kennwerte

Elastische Eigenschaften	
Biege-Elastizitätsmodul E_l	15.300 N/mm²
Festigkeitseigenschaften	
Biegefestigkeit f_m	120 N/mm²
Zugfestigkeit $f_{t,0}$	129 N/mm²
Druckfestigkeit $f_{c,0}$	61 N/mm²
Härte	
Brinellhärte HB_0	68 N/mm²
Brinellhärte HB_{90}	34 N/mm²

Sonstige Kennwerte

Wärmeleitfähigkeit λ	0,165 W/mK
Gleichgew.-Feuchte ω_{37} (20°/37 %)	7,3 %
Gleichgew.-Feuchte ω_{83} (20°/83 %)	15,7 %
Natürliche Dauerhaftigkeit	
Pilze	5, nicht dauerhaft
Hausbockkäfer	S, nicht dauerhaft
Anobium	S, nicht dauerhaft
Tränkbarkeit	
Kernholz	1v, gut tränkbar, hohe Variabilität
Rotkern	4, sehr schwer tränkbar
Splintholz	1, gut tränkbar
Farbe	
Farbwert (L*a*b*)	75,4*10,1*23,7*

Kulturgeschichtliches In Mangelzeiten wurde noch im 20. Jahrhundert Speiseöl aus den Bucheckern gepresst. Wegen des hohen Heizwerts und des Bedarfs an (Pott-)Asche zur Herstellung von Waschlauge gehörten früher Buchenscheiter klafterweise zum Grundbedarf eines Haushalts. In Stabdimension ist Buchenholz unter Dampf leicht zu biegen und behält die neue Form, was Michael Thonet den Welterfolg mit kostengünstigen und dennoch langlebigen Bugholzsesseln ermöglichte. Aber auch ungebogen wird Buchenholz für Möbel gern genutzt.

Allgemeines Die Rotbuche ist nicht nur die häufigste Laubbaumart in Mitteleuropa, sondern auch eines unserer bedeutendsten Nutzhölzer. Sie wird oft als „Mutter" des Waldes bezeichnet, ist eine Schattenbaumart und tritt auf vielen Standorten in Mitteleuropa als Schlusswaldbaumart auf. Im Bergwald bildet sie gemeinsam mit Fichte und Weißtanne einen prägenden Mischwald. Freistehend bilden Buchen eine weit ausladende Krone, die sich im Waldbestand selten entfalten kann. Buchen werden bis zu 300 Jahre alt, die wertvollen Stämme werden nach 120 bis 180 Jahren geerntet.

Holzcharakteristik Das helle, fast weißliche Buchenholz erhält durch Dämpfung beziehungsweise Trocknung die bekannte rötliche Farbe. Unter Lichteinwirkung wechselt der Farbton zu fahlgelb. Häufig bilden Buchen einen fakultativen, rotbraunen Kern aus, der – wolkig abgesetzt oder unregelmäßig sternförmig – als Spritzkern bezeichnet wird. Das früher als typisch zerstreutporig beschriebene Holz wird nun von einigen Fachleuten als halbringporig beschrieben, da die Poren im Spätholzbereich weniger zahlreich und etwas kleiner sind. Die Holzstrahlen sind in allen Schnittrichtungen deutlich sichtbar und prägen vor allem im Tangentialschnitt das Holzbild, wo sie als feine, mehrere Millimeter hohe Spindeln auftreten. Buche neigt zu Wachstumsspannungen, die bei der Verarbeitung problematisch sind.

Eigenschaften Die Buche ist ein schweres (Darrdichte 670 kg/m³) und hartes Holz (Brinellhärte 34 N/mm²), das sehr hohe Schwindwerte aufweist. Die geringe Formstabilität bei wechselnder Feuchte muss vor allem bei größeren Querschnitten berücksichtigt werden. Das Holz ist gut zu bearbeiten und dank seiner gleichmäßigen Struktur besonders gut zu fräsen, drechseln und schnitzen. Nach entsprechender Vorbehandlung durch Dämpfen ist das Holz sehr gut messer- und schälbar. Gedämpftes Holz lässt sich zudem sehr gut biegen. Beim Trocknen neigt das stark schwindende Holz zu Verwerfungen und Rissbildungen. Daher müssen Stapelung und Trocknungsführung sehr sorgfältig erfolgen. Die dichte homogene Oberfläche erfordert bei ihrer Behandlung eine ausreichende Fließfähigkeit der verwendeten Mittel. Buchenholz lässt sich sehr gut beizen und kann damit an nahezu jeden Farbton angepasst werden. Das Holz ist nicht dauerhaft (Dauerhaftigkeitsklasse 5) und gut tränkbar (bei Rotkern jedoch sehr schwer tränkbar).

Verwendung Rotbuchenholz wird vielseitig im Möbel- und Innenausbau eingesetzt: z. B. für Sitzmöbel (besonders als Bugholz), für Furniere, Sperrholz – besonders auch als Furnierlagenholz (LVL) und Formsperrholz –, Treppen und Parkett. Weitere Verwendungsgebiete sind Spielwaren, Küchengeräte, Bürsten und Werkzeugteile sowie Verpackungen wie Obststeigen etc. Mit Teeröl imprägniert, wird es immer noch für Eisenbahnschwellen verwendet. Außerdem kommt Buchenholz bei der Erzeugung von (Chemie-)Zellstoff (im Viskose- bzw. Lyocellprozess werden daraus Textilfasern produziert) in der Bioraffinerie sowie bei der Herstellung von verschiedenen Holzwerkstoffplatten zum Einsatz. Buche ist zudem ein beliebtes Brennholz und Ausgangsmaterial für die Erzeugung von Holzkohle.

23 Rotbuche gedämpft 24 Rotbuche 25 Rotbuche mit Rotkern

Douglasie

Weitere Handelsnamen Douglastanne, -fichte, Oregon pine, Douglas Fir
Englisch Douglas fir, Oregon pine
Botanischer Name *Pseudotsuga menziesii* (Mirb.) Franco
Kurzzeichen DG/DGA (für importierte Douglasie) (EN-Kurzzeichen: PSMN)

Der schlanke Baum wird in Europa bis zu 65 m hoch bei Durchmessern von 1 m und mehr. Die junge Rinde weist zahlreiche Harzbeulen auf, im Alter ist die Borke dick und stark rissig. Die Nadeln sind weich und biegsam, sie duften beim Zerreiben nach Orangen. Die Zapfen sind länglich, gestielt und an den dreispitzigen Deckschuppen leicht erkennbar.

Erkennungsmerkmale des Holzes

Farbe Splint hellgelb, Kern gelblichbraun bis rötlichbraun
Querschnitt Jahrringe deutlich ausgeprägt, Übergang von Früh- zum Spätholz abrupt oder gleitend; die feinen Harzkanäle sind vor allem im Spätholz erkennbar
Radialschnitt lebhaft gestreift, teilweise sind die Holzstrahlen erkennbar
Tangentialschnitt dekorativ gefladert
Geruch ausgeprägt, scharf aromatisch und harzig
Härte mittelhart

Physikalische Kennwerte

Rohdichte	
Mittelwerte ρ_{12}	561 kg/m³
Grenzwerte ρ_{12}	350 – 750 kg/m³
Schwind- und Quellmaße	
Gesamtschwindmaß	
axial $\beta_{l,max}$	0,3 %
radial $\beta_{r,max}$	4,2 %
tangential $\beta_{t,max}$	6,8 %
Differenzielle Quellung	
radial q_r	0,18 %/%
tangential q_t	0,32 %/%

Mechanische Kennwerte

Elastische Eigenschaften	
Biege-Elastizitätsmodul E_l	12.900 N/mm²
Festigkeitseigenschaften	
Biegefestigkeit f_m	90 N/mm²
Zugfestigkeit $f_{t,0}$	100 N/mm²
Druckfestigkeit $f_{c,0}$	53 N/mm²
Härte	
Brinellhärte HB_0	44 N/mm²
Brinellhärte HB_{90}	19 N/mm²

Sonstige Kennwerte

Wärmeleitfähigkeit λ	0,136 W/mK
Natürliche Dauerhaftigkeit	
Pilze	3 bis 4, mäßig bis wenig dauerhaft
Hausbockkäfer	D, dauerhaft
Anobium	D, dauerhaft
Tränkbarkeit	
Kernholz	4, sehr schwer tränkbar
Splintholz	2 bis 3, mäßig bis schwer tränkbar
Farbe	
Farbwert (L*a*b*)	74,6*11,9*33,0*

Kulturgeschichtliches Die Douglasie stammt aus dem Nordwesten Nordamerikas und wurde bereits 1828 vom Botaniker David Douglas nach Europa eingeführt. Paläobotanische Untersuchungen in Europa zeigen, dass es auch in Europa vor mehreren Millionen Jahren nah verwandte Arten der Gattung *Pseudotsuga* gab, die jedoch durch die mehrfachen Kalt- und Warmzeiten des *Pleistozäns* ausstarben. Die eingeführte *Pseudotsuga menziesii* muss trotzdem als nicht heimische Art angesehen werden, auch wenn ihr Anbau in Europa sehr erfolgreich ist, vor allem in Mischbeständen.

Allgemeines An Naturstandorten in Nordamerika ist die Douglasie einer der höchsten Bäume der Erde mit Höhen bis 95 m. Die Stämme aus solchen Beständen sind meist 20 m astfrei und 0,9 bis 1,5 m stark. In Europa werden bereits Höhen von 65 m erreicht, mit Stammdurchmessern über 1 m. Am richtigen Standort ist sie schnellwüchsig und erreicht um 100 % mehr Holzzuwachs als die Fichte. Die Douglasie kann ein Ersatz für die Fichte sein. Jedoch gibt es entweder feuchtigkeitsliebende oder trockenresistente Arten. Deshalb muss bei der Wahl des Saatgutes auf die Herkunft geachtet werden. Douglasien werden 500 bis 700 Jahre alt, Einzelexemplare über 1.000 Jahre.

Holzcharakteristik Der helle Splint ist schmal und deutlich vom Kern abgesetzt. Importiertes Douglasienholz, von älteren Bäumen stammend, enthält in der Regel einen hohen Anteil besonders feinjährigen Holzes, das mit Jahrringbreiten um 1 mm und entsprechend schmalen Spätholzzonen ein helleres Kernholz ergibt. Ein rötlicheres Holz mit deutlichen Flader- und Streifenstrukturen tritt bei eher grobjährigen Qualitäten auf. Das bisher in Europa erzeugte Holz stammt von relativ jungen Bäumen und zeigt daher meist einen großen Anteil grobjährigen Holzes.

Eigenschaften Die Douglasie gehört zu den mittelschweren Hölzern (Darrdichte 513 kg/m³), in der Härte liegt sie wie die Lärche knapp über der Grenze zu den weichen Hölzern (Brinellhärte 19 N/mm²). Die Bearbeitbarkeit ist von der Jahrringbreite abhängig. Engringiges Holz lässt sich gut bearbeiten, breitringiges Holz ist oft spröd und spaltet leicht; ein Vorbohren beim Nageln und Schrauben ist unbedingt erforderlich. Das Holz ist leicht zu trocknen (nach der Trocknung ist eine möglichst lange Lagerzeit vor der Endverarbeitung empfehlenswert), es ist gut zu beizen und zu polieren. In der natürlichen Dauerhaftigkeit ist Douglasie in Klasse 3 und 4 eingeordnet (mäßig bis wenig dauerhaft), die Imprägnierbarkeit ist im Kern sehr schlecht, im Splint mäßig bis schlecht.

Verwendung Als Bau- und Konstruktionsholz dient es im Außen- und Innenbereich, für Balkone, Fenster, Haustüren, Fassaden, Freizeitanlagen, Wasserbauten, Bootsstege usw. Stämme nordamerikanischer Herkunft werden oft zu Schälfurnieren und Sperrholz verarbeitet.

Ähnliches Holz Lärche

Edelkastanie

Weitere Handelsnamen Echte Kastanie, Esskastanie
Englisch Chestnut
Botanischer Name *Castanea sativa* Mill.
Kurzzeichen EK (EN-Kurzzeichen: CTST)

Die Edelkastanie ist ein Baum, der zwischen 10 und 35 m hoch werden kann. Die Borke ist bei jungen Bäumen glatt und olivbraun, später wird sie graubraun und hat tiefe Risse. Die Blätter sind bis zu 25 cm lang, länglich-lanzettlich, ledrig-hart und haben eine glänzend-dunkelgrüne Farbe, die Unterseite ist heller. Der Blattrand ist stachelig-gezähnt. Die Früchte sind grün und stachelig. Wenn sie im Oktober reif werden, platzen die Fruchtschalen auf und geben ihren Inhalt, die Maronen, frei.

Erkennungsmerkmale des Holzes

Farbe Splint weißbräunlich, Kern fahl- bis dunkelbraun
Querschnitt ringporiges Holz, zarte Flammenzeichnung, Holzstrahlen nicht sichtbar
Radialschnitt zart gestreifte Textur, nadelrissig
Tangentialschnitt Fladerzeichnung, nadelrissig
Geruch leicht säuerlich
Härte mittelhart

Physikalische Kennwerte

Rohdichte	
Mittelwerte ρ_{12}	590 kg/m³
Grenzwerte ρ_{12}	430 – 720 kg/m³
Schwind- und Quellmaße	
Gesamtschwindmaß	
axial $\beta_{l,max}$	0,6 %
radial $\beta_{r,max}$	4,3 %
tangential $\beta_{t,max}$	7,3 %
Differenzielle Quellung	
radial q_r	0,16 %/%
tangential q_t	0,27 %/%

Mechanische Kennwerte

Elastische Eigenschaften	
Biege-Elastizitätsmodul E_l	9.500 N/mm²
Festigkeitseigenschaften	
Biegefestigkeit f_m	86 N/mm²
Zugfestigkeit $f_{t,0}$	130 N/mm²
Druckfestigkeit $f_{c,0}$	50 N/mm²
Härte	
Brinellhärte HB_0	40 N/mm²
Brinellhärte HB_{90}	18 N/mm²

Sonstige Kennwerte

Wärmeleitfähigkeit λ	0,113 W/mK
Natürliche Dauerhaftigkeit	
Pilze	2, dauerhaft
Holzbockkäfer	D, dauerhaft
Anobium	M, mäßig dauerhaft
Tränkbarkeit	
Kernholz	4, sehr schwer tränkbar
Splintholz	2, mäßig tränkbar
Farbe	
Farbwert (L*a*b*)	73,5*7,8*27,9*

Kulturgeschichtliches An der Alpensüdseite, wo die Edelkastanie seit Jahrtausenden heimisch ist, wird ihr Holz beim Hausbau, Rebbau, aber auch für Fenster und Möbel verwendet. Auch Fassdauben werden aus Kastanienholz hergestellt. Allerdings enthalten diese für die Weinlagerung zu viel Gerbsäure – etwas mehr als die Eiche, weshalb aus dem Holz früher Tanninextrakt zum Gerben von Leder erzeugt wurde. Bei der traditionalen Herstellung von Aceto balsamico hingegen soll das mittlere in der Folge der fünf Fermentationsfässer aus Kastanienholz gefertigt sein, das verleiht der gewürzartigen Beigabe zu Speisen ihre zarte Schärfekomponente.

Allgemeines Edelkastanien tragen erst nach 20 Jahren die begehrten Früchte. Die Bäume sind mittelgroß, im Bestand langschäftig, schön belaubt und freistehend breitkronig und kurzschäftig. Sie können mehrere hundert Jahre alt werden. Als Baumart der Mittelmeerländer verlangt die Edelkastanie mildes, nicht zu trockenes „Rebenklima", erträgt aber auch Schatten. Die stärkehaltigen Maronen dienten vor Einführung der Erdäpfel vielen Menschen als Notbrot. Die getrockneten Früchte wurden zu Mehl verarbeitet und zu Baumbrot gebacken. Mittellose Personen durften mancherorts auf öffentlichem Boden Esskastanien für den Eigengebrauch anbauen. Heute sind glasierte Maronen oder durchs Lochsieb gepresstes Püree als Leckereien beliebt. Im Winter wärmen gebratene Kastanien vor dem Genuss die Hände.

Holzcharakteristik Das Holz der Edelkastanie ist in Farbe und Struktur dem Eichenholz ähnlich, von diesem jedoch aufgrund der mit bloßem Auge nicht sichtbaren Holzstrahlen leicht zu unterscheiden. Es ist ein typisch ringporiges Holz, wobei der Frühholzporenring sich nicht so markant abzeichnet. Der Braunton ist im Vergleich zur Eiche milder.

Eigenschaften
Das Holz der Edelkastanie ist mittelschwer (Darrdichte 530 kg/m³) und weist eine Brinellhärte von 18 N/mm² auf. Es hat geringe Schwindwerte und ein gutes Stehvermögen. Das Holz ist schwierig zu trocknen mit ausgeprägter Tendenz zu Zellkollaps. Die Bearbeitbarkeit ist gut, es geht auch gut bis befriedigend zu verleimen und ist leicht polierbar. Bei Kontakt mit Eisen können Verfärbungen entstehen. Sehr gut ist die Dauerhaftigkeit, hier liegt Edelkastanie in Klasse 2, dauerhaft.

Verwendung
Edelkastanie wird als Konstruktionsholz für den Innen- und Außenbau, im Wasser- und Schiffsbau eingesetzt. Es wird in Form von Furnieren für Verkleidungen und als Parkett verwendet. In manchen Ländern dient es auch als Fassdaubenholz.

Ähnliches Holz Eiche

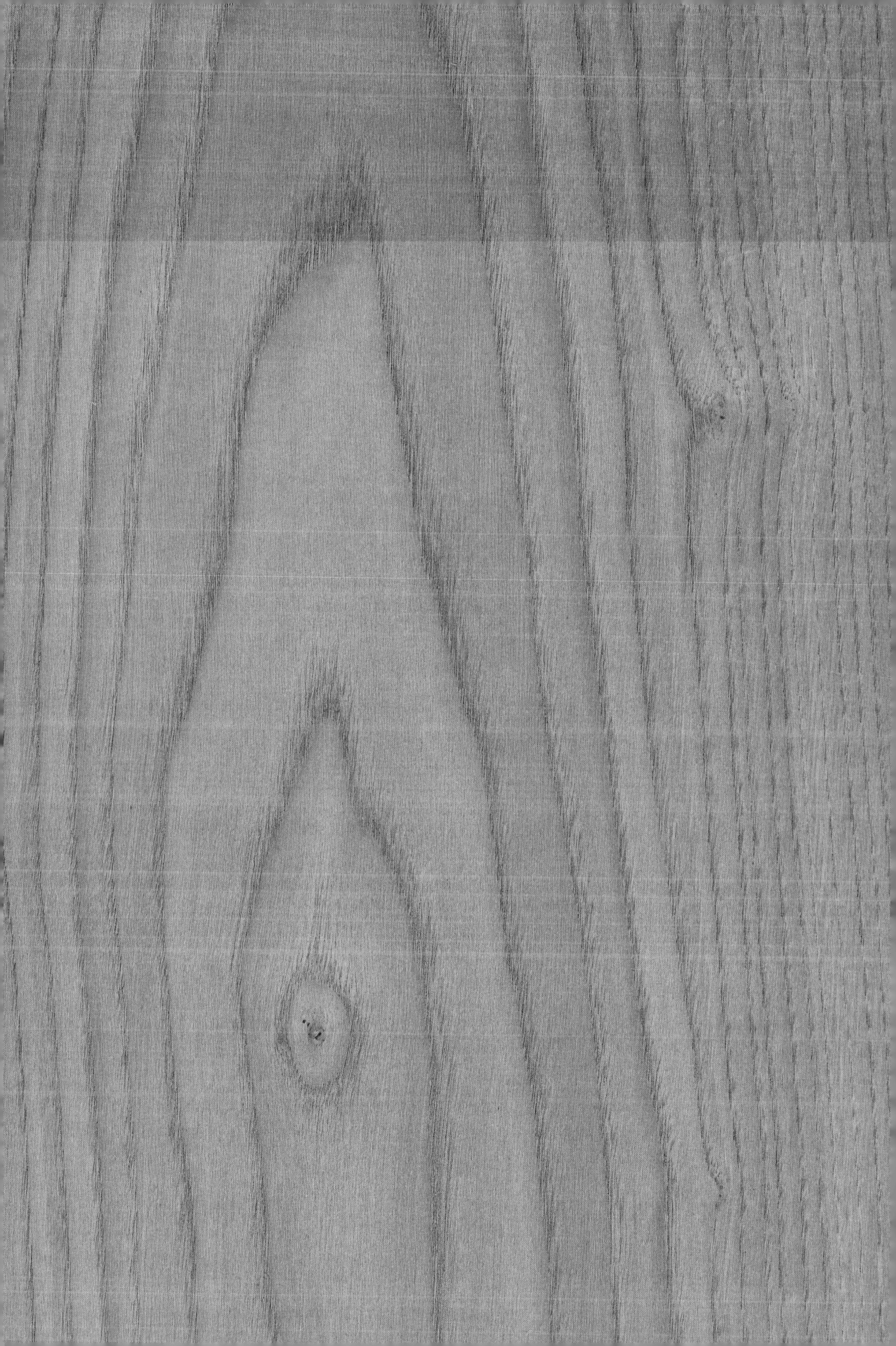

Eibe

Weitere Handelsnamen Taxe, Ibe, Iba
Englisch Yew
Botanischer Name *Taxus baccata* L.
Kurzzeichen – (EN-Kurzzeichen: TXBC)

Der typische Schattholzbaum erreicht selten Höhen über 20 m. Der Stamm ist tiefgefurcht und spannrückig. Die Rinde ist anfangs rötlichbraun und glatt und wird später zu einer graubraunen, sich in Schuppen ablösenden Borke. Die gestielten, dunkelgrünen Nadeln sind etwa 15 bis max. 40 mm lang und glänzen an der Oberseite. Der 6 bis 7 mm lange Samen ist von dem essbaren roten Samenmäntelchen umschlossen.

Erkennungsmerkmale des Holzes

Farbe Splint gelblichweiß, Kern rotbraun, nachdunkelnd
Querschnitt Jahrringe deutlich erkennbar, keine Harzkanäle
Radialschnitt gestreifte Textur
Tangentialschnitt schöne Flader
Geruch nicht auffallend
Härte mittelhart

Physikalische Kennwerte

Rohdichte	
Mittelwerte ρ_{12}	670 kg/m³
Grenzwerte ρ_{12}	620 – 710 kg/m³
Schwind- und Quellmaße	
Gesamtschwindmaß	
axial $\beta_{l,max}$	0,1 – 0,3 %
radial $\beta_{r,max}$	3,7 %
tangential $\beta_{t,max}$	5,3 %
Differenzielle Quellung	
radial q_r	0,15 %/%
tangential q_t	0,27 %/%

Mechanische Kennwerte

Elastische Eigenschaften	
Biege-Elastizitätsmodul E_l	15.700 N/mm²
Festigkeitseigenschaften	
Biegefestigkeit f_m	85 N/mm²
Zugfestigkeit $f_{t,0}$	108 N/mm²
Druckfestigkeit $f_{c,0}$	57 N/mm²
Härte	
Brinellhärte HB_0	–
Brinellhärte HB_{90}	30 N/mm²

Sonstige Kennwerte

Natürliche Dauerhaftigkeit	
Pilze	2, dauerhaft

Kulturgeschichtliches Als ältestes Artefakt aus Holz gilt die 150.000 Jahre alte Lanze aus Eibenholz, die in einer Mergelgrube in Niedersachsen zwischen den Rippen eines Waldelefantenskeletts ausgegraben wurde. Ab dem Neolithikum wurden zahlreiche Gebrauchsgeräte aus diesem dauerhaften Holz gefertigt; am bekanntesten ist wohl der Bogen des Similaun-Menschen. Die Qualifikation als ideales Bogenholz führte im 16. Jahrhundert fast zur Ausrottung der europäischen Eiben. Hauptimporteur war Großbritannien. Rohlinge wurden vom Randbereich des Stamms geschnitten: ein Drittel Splintholz für die Zugzone, zwei Drittel Kernholz für die Druckzone des Bogens. Verbesserungen an den Feuerwaffen retteten die wenigen verbliebenen Eibenbestände.

Allgemeines Häufig findet man Eiben, die aus mehreren miteinander verwachsenen Stämmen, sogenannten Komplexstämmen, bestehen. Die Krone einstämmiger Exemplare ist meistens breit kegelförmig, später abgerundet bis kugelig. Die Verbreitung der Samen erfolgt über den für Vögel und Wild wohlschmeckenden Samenmantel. Der holzige Samen wird unverdaut, aber keimfähig wieder ausgeschieden. Ohne diese Darmpassage liegt der Samen zwei Jahre, bis er keimen kann. Als maximales Alter wird für Eiben 2.800 Jahre angegeben. Die gesamte Pflanze, außer dem roten Samenmantel, enthält giftige Alkaloide (Taxin, Miloxin und Ephedrin) sowie das Glykosid Taxacatin. Spezielle Auszüge dienen medizinischen Zwecken. Heute steht die Eibe in ganz Europa auf der roten Liste gefährdeter Baumarten.

Holzcharakteristik Das Holz der Eibe zeigt einen schmalen gelblichweißen Splint und einen rotbraunen, an der Luft nachdunkelnden Kern. Das langsam gewachsene Holz ist feinjährig und hat leicht wellige Jahrringe. Es ist eines der wenigen harzfreien Nadelhölzer.

Eigenschaften Eibenholz ist mit Abstand das schwerste Nadelholz (Darrdichte 640 kg/m³). Die Härte auf den Längsflächen beträgt 30 N/mm². Es ist äußerst zäh und extrem elastisch, lässt sich gut messern und schälen. Die Oberflächenbehandlung geht sehr gut, es ist hervorragend beiz- und lackierbar. Eibenholz ist dauerhaft gegen Pilzbefall, aber anfällig gegenüber Anobien. Bei der Bearbeitung kann der feine Holzstaub Entzündungen und Reizungen der Haut hervorrufen.

Verwendung Wesentliche Verwendungen waren und sind vereinzelt noch: Furnierholz, Holz für Bogen- und Armbrustbau sowie Zapfhähne. Kunsttischlern und Drechslern diente das wertvolle Holz zur Herstellung von Möbeln, Schnitzereien und vielerlei Geräten im Haushalt.

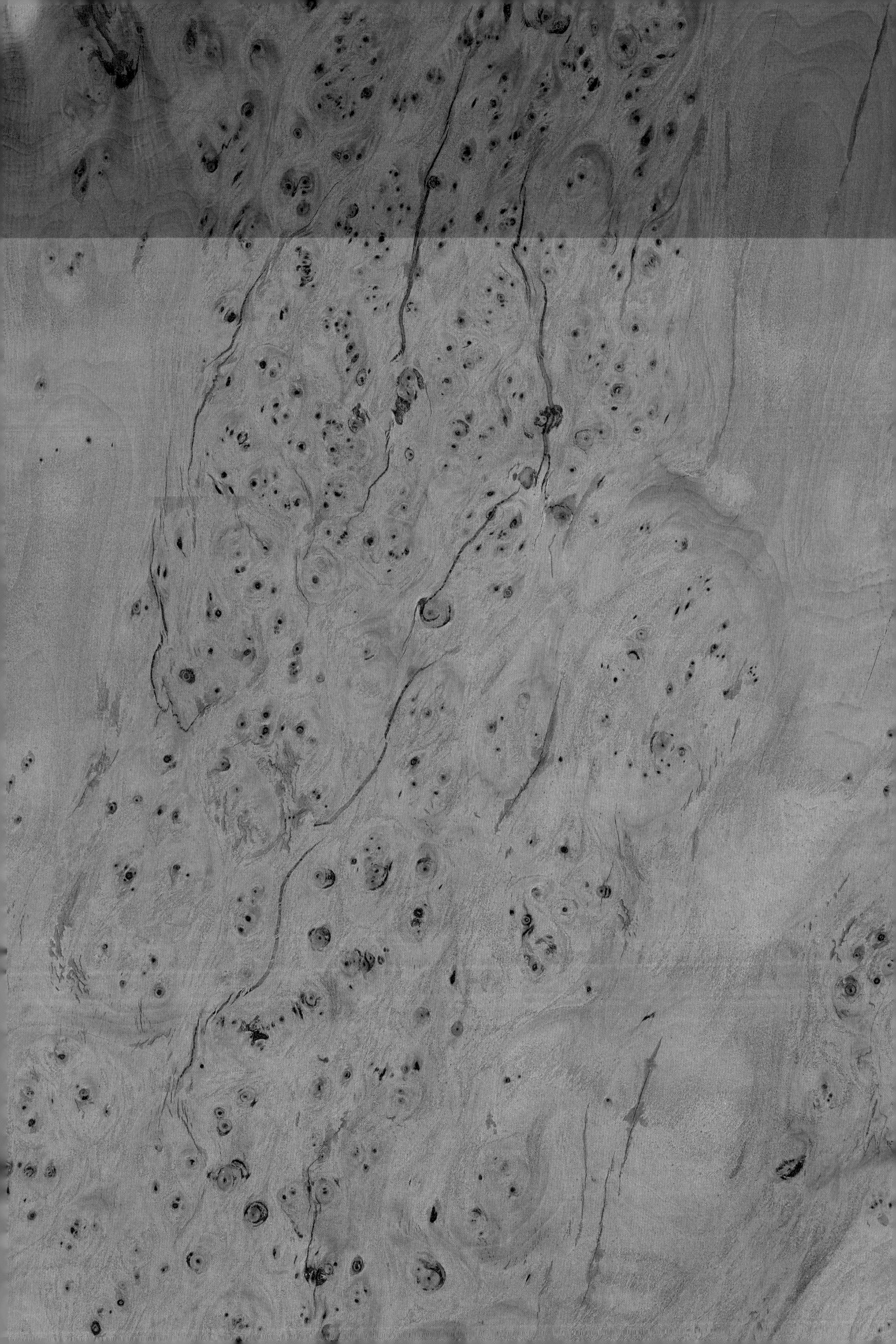

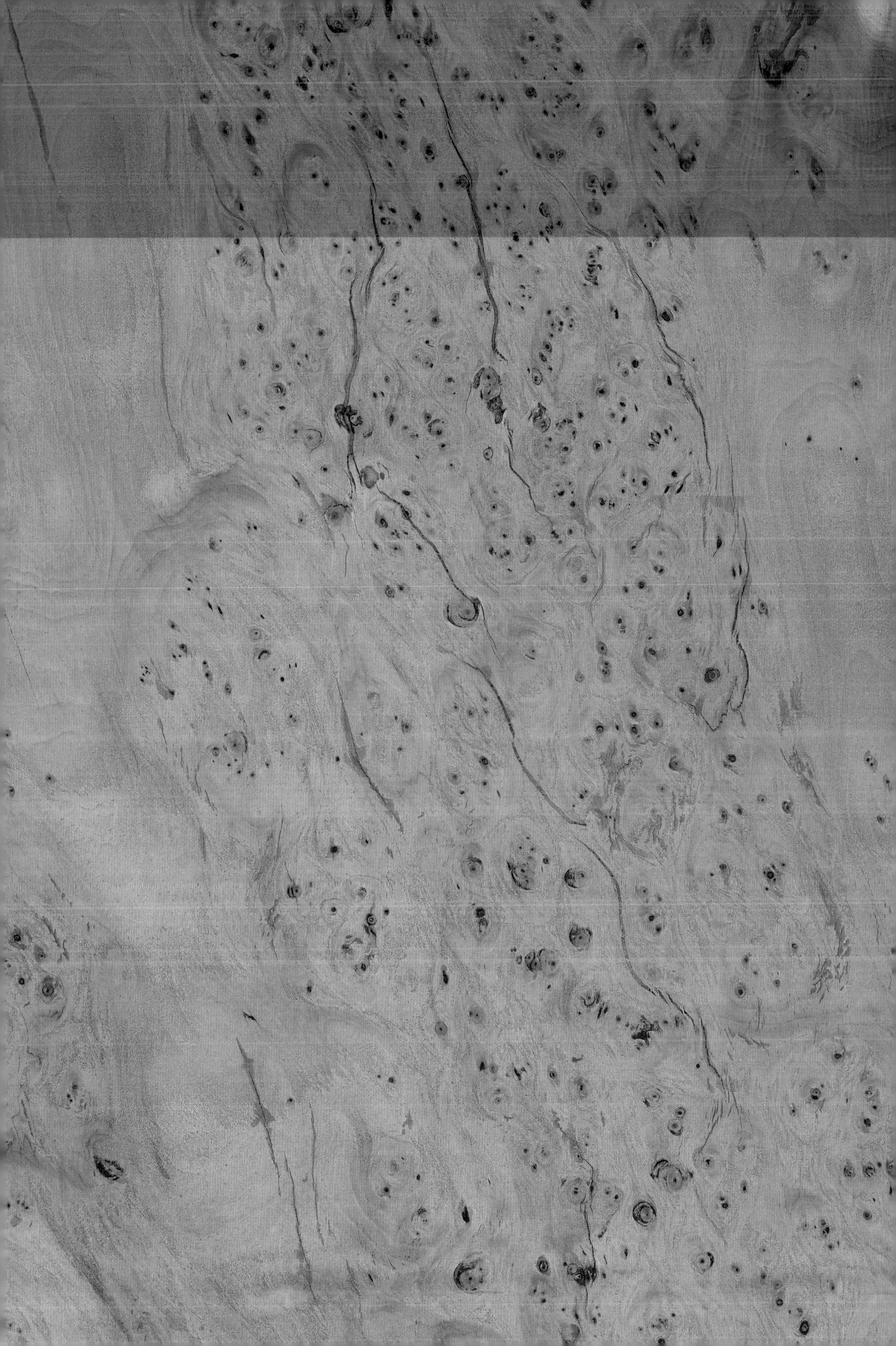

Eiche

Weitere Handelsnamen Stiel-, Sommereiche; Trauben-, Winter-, Steineiche; Zerreiche; Roteiche
Englisch Common oak; Sessile oak
Botanischer Name *Quercus robur* L.; *Quercus petraea* (Matt.) Liebl.; *Quercus cerris* L.; *Quercus rubra* L.
Kurzzeichen EI (EN-Kurzzeichen: QCXE)

Bäume mit stark ausladender Krone, 20 bis 40 m hoch. Die Rinde der heimischen Eichenarten ist zuerst weißlichgrau und weist später eine dunkle tieflängsrissige Borke auf. Die typisch gelappten Blätter sind je nach Eichenart verschieden lang gestielt. Die in einem kleinen Fruchtbecher sitzenden Eicheln sind für Wildtiere eine begehrte Nahrungsquelle.

Erkennungsmerkmale des Holzes

Farbe Splint weiß bis hellgrau, Kern hellbraun, manchmal leicht rötlich
Querschnitt ringporig mit Flammenzeichnung im Spätholz; Holzstrahlen breit und deutlich
Radialschnitt Holzstrahlen als große Spiegel auftretend, nadelrissig
Tangentialschnitt Fladertextur, nadelrissig
Geruch im frischen Zustand starker Gerbstoffgeruch, später nur noch schwach bemerkbar
Härte mittelhart

Physikalische Kennwerte

Rohdichte	
Mittelwerte ρ_{12}	701 kg/m³
Grenzwerte ρ_{12}	400 – 1.030 kg/m³
Schwind- und Quellmaße	
Gesamtschwindmaß	
axial $\beta_{l,max}$	0,4 %
radial $\beta_{r,max}$	4,1 %
tangential $\beta_{t,max}$	9,1 %
Differenzielle Quellung	
radial q_r	0,19 %/%
tangential q_t	0,31 %/%

Mechanische Kennwerte

Elastische Eigenschaften	
Biege-Elastizitätsmodul E_l	11.800 N/mm²
Festigkeitseigenschaften	
Biegefestigkeit f_m	100 N/mm²
Zugfestigkeit $f_{t,0}$	100 N/mm²
Druckfestigkeit $f_{c,0}$	57 N/mm²
Härte	
Brinellhärte HB_0	58 N/mm²
Brinellhärte HB_{90}	32 N/mm²

Sonstige Kennwerte

Wärmeleitfähigkeit λ	0,165 W/mK
Gleichgew.-Feuchte ω_{37} (20°/37 %)	9,0 %
Gleichgew.-Feuchte ω_{83} (20°/83 %)	17,2 %
Natürliche Dauerhaftigkeit	
Pilze	2 bis 4, dauerhaft bis wenig dauerhaft
Hausbockkäfer	D, dauerhaft
Anobium	M, mäßig dauerhaft
Tränkbarkeit	
Kernholz	4, sehr schwer tränkbar
Splintholz	1, gut tränkbar
Farbe	
Farbwert (L*a*b*)	67,3*8,8*29,8*

Kulturgeschichtliches Der Wert von Eichenwäldern wurde bis in die Neuzeit an der möglichen Schweinemast gemessen. Kenner wissen auf Eichelmast basierende Schinken aus Spanien und Frankreich noch heute zu schätzen. Der exzessive Schiffsbau bedrohte ab dem 18. Jahrhundert die Eichenwälder, führte aber zur Anlage von Beständen, die heute hiebsreif sind. Ein kurzfristiger Gewinn ist mit der Eiche nicht zu machen. Wer sie setzt, muss sehr prinzipielle Zukunftsvorstellungen haben. So steht die Eiche von alters her für Kontinuität und Stärke. Eher lässt sich der tief im Erdreich verankerte Baum brechen als entwurzeln.

Allgemeines Von den heimischen Eichen (Stiel-, Trauben- und Zerreiche) weist die Traubeneiche die schönste Stammform auf, während die Stieleiche besser wächst. Diese kann – bei entsprechender Bewirtschaftung – im Auwald oder auf schweren Böden im Alpenvorland Durchmesserzuwächse von bis zu 10 mm pro Jahr erreichen. Stiel- und Traubeneiche sind in weiten Teilen Mitteleuropas die dominanten Arten, die Zerreiche kommt nur auf wärmeren Standorten im Osten Österreichs sowie in Süd- und Südosteuropa vor. Die Roteiche wurde vor 200 Jahren aus Nordamerika eingeführt und stellt nur geringe Standortansprüche. Eichen können bis zu 2.000 Jahre alt werden. Frei stehende Eichen sind oft knorrige Baumgestalten. Mooreichen sind keine botanische Art, sondern Eichenstämme, die jahrhundertelang im Moor überdauert haben.

Holzcharakteristik Alle Eichenarten sind typisch ringporig mit markanten breiten Holzstrahlen. Die heimischen Arten zählen mit Ausnahme der Zerreiche zu den Weißeichen und unterscheiden sich von den Roteichen im Farbton – diese sind etwas rötlicher –, vor allem aber in der Anordnung und Größe der Spätholzgefäße. Die schwächere Verthyllung (Verstopfen der Poren mit Wuchergewebe) bei den Roteichen ist kein Unterscheidungsmerkmal. Der ursprünglich hellbraune Farbton des Eichenholzes wird nicht selten durch die Trocknung mittel- bis dunkelbraun. Gleichmäßig helles Eichenholz bleibt eine Herausforderung für jeden Trocknungsspezialisten.

Eigenschaften Eichenholz ist relativ schwer, die Dichte beträgt darrtrocken 647 kg/m³, und mittelhart (Brinellhärte 32 N/mm²). Nach ihren speziellen Wuchsgebieten benannte Eichen wie Spessart-, Slavonische, Allie- oder Französische Eiche weisen oft besondere Eigenschaften auf. Eichenholz ist recht farbstabil, verändert sich farblich nur wenig unter Lichteinfluss. Das Holz ist im Allgemeinen gut zu sägen, hobeln, bohren und fräsen, wobei auf gute Absaugung zu achten ist. Eichenstaub löst bei manchen Personen allergische Reaktionen aus. Die Trocknung ist zeitaufwendig und bedarf einer erfahrenen Trocknungsführung. Probleme, die dabei auftreten können, sind Risse, starke Formänderungen bis hin zum Zellkollaps sowie dunkelbraune Verfärbungen. Wegen des Gerbsäuregehalts können bei Berührung feuchten Eichenholzes mit Eisen dunkelblaue bis schwarze Reaktionsflecken entstehen. Unter Beachtung des Gerbsäuregehalts bieten übliche Oberflächenbehandlungsverfahren keine Schwierigkeiten, beim Lackieren sollten Porenfüller verwendet werden. Eichen-Kernholz ist dauerhaft gegen Pilze (Resistenzklasse 2), von den tierischen Schädlingen ist es vor allem der Splintholzkäfer, der nicht selten in Eichenparkett seine Spuren hinterlässt. Die Behandlung mit Holzschutzmitteln ist schwierig, die Tränkbarkeit wird durch die Verstopfung der Poren mit Thyllen praktisch unmöglich.

Verwendung Die Eiche zählt zu den wertvollsten heimischen Nutzhölzern für Möbelbau, Innenausbau sowie für Fenster und Türen, Treppen, Geländer und Verkleidungen vor allem im Außenbereich und für besondere Zwecke im Hoch- und Tiefbau sowie für Geräte- und Werkzeugbau. Ein nicht geringer Teil dient der Parkettholzerzeugung. Traditionell wird Eiche für Fassdauben verwendet und ihr Einsatz für Barriquefässer ist ein Privileg.

Ähnliches Holz Edelkastanie

35 Eiche 36 Roteiche 37 Mooreiche

Elsbeere

Weitere Handelsnamen Sorbe, Atlas-, Seidenholz
Englisch Checker tree, Wild service tree
Botanischer Name *Sorbus torminalis* Crantz
Kurzzeichen EL (EN-Kurzzeichen: SOTR)

Die Bäume können 20 bis 30 m hoch werden. Elsbeere hat eine ähnliche Borkenbildung wie Birnbaum. Die Blätter der Elsbeere ähneln in Form und Herbstverfärbung den Ahornblättern. Die unscheinbaren, ca. 1,5 cm großen, apfelartigen Früchte der Elsbeere sind sehr gerbstoffhaltig, sie werden gerne von Vögeln gefressen.

Erkennungsmerkmale des Holzes

Farbe Splint und Kern gelbrötlich, gedämpft rötlichbraun
Querschnitt Jahrringe zart erkennbar
Radialschnitt schlichte Textur
Tangentialschnitt sehr zarte Flader
Geruch nicht auffallend
Härte hart

Physikalische Kennwerte

Rohdichte	
Mittelwerte ρ_{12}	742 kg/m³
Grenzwerte ρ_{12}	670 – 900 kg/m³
Schwind- und Quellmaße	
Gesamtschwindmaß	
axial $\beta_{l,max}$	0,2 %
radial $\beta_{r,max}$	5,7 – 7,6 %
tangential $\beta_{t,max}$	9,2 – 11,6 %

Mechanische Kennwerte

Elastische Eigenschaften	
Biege-Elastizitätsmodul E_l	10.700 N/mm²
Festigkeitseigenschaften	
Biegefestigkeit f_m	108 N/mm²
Druckfestigkeit $f_{c,0}$	53 N/mm²
Härte	
Brinellhärte HB_0	48 N/mm²
Brinellhärte HB_{90}	25 N/mm²

Kulturgeschichtliches Die Vitamin-C-reichen Früchte der seltenen Elsbeere lieferten früher – und regional auch heute wieder – den Rohstoff für Marmelade und Sirup sowie für einen von Kennern geschätzten Edelbrand. Die weißen, in Doldenrispen stehenden Blüten sind als Bienenweide beliebt. Neben anderen Messgeräten bestanden vermutlich die vielen Schülerlineale bis Mitte des 20. Jahrhunderts meist aus Elsbeerholz. Nachdem in jüngster Zeit Bedeutung und Wert als Furnierholz enorm gestiegen sind, fördern forstwissenschaftliche Erkenntnisse über Anbau und Pflege wieder die Verbreitung des Baums – vor allem im gut betreuten Waldbauernwald.

Allgemeines Die Elsbeere ist eine wärmeliebende Baumart, die im Hochwald nur sehr schwer mit den schnell- und hochwüchsigen Buchen und Fichten konkurrieren kann, da ihr diese das Licht nehmen. Die Konkurrenz dieser Baumarten könnte im Zuge des Klimawandels auf vielen Standorten entfallen, weshalb schon heute junge Bäume gezielt gefördert und die Kronen großzügig freigestellt werden sollten. Auch ältere Stämme, die nicht selten unerkannt und mit eingeklemmter Krone in Mischbeständen vorkommen, können noch gefördert werden. Die Elsbeerstämme kommen oft von Waldrändern, wohin sie abgedrängt wurden. Nicht selten sind sie verdreht und krumm gewachsen und ergeben ein falsches Bild vom prinzipiellen Wert dieses Nutzholzes. Bei Furnierstämmen liegen die Preise für gleichmäßig gewachsenes Elsbeerholz auf hohem Niveau.

Holzcharakteristik Elsbeerholz hat einen warmen rötlichen Ton, ähnlich Birnbaumholz, ist meist eher schlicht und ohne andersfarbigen Kern. Manche alten Bäume zeigen jedoch dunkle Einlagerungen und werden als bunt bezeichnet.

Eigenschaften Elsbeerholz ist schwer (Darrdichte 710 kg/m³), hart (Brinellhärte 25 N/mm²), zäh und schwer zu spalten. Das Holz ist schwer zu trocknen und verstockt leicht, wenn es bei der Freilufttrocknung in Rinde schlecht gelagert wird. Eine Verleimung des dichten Holzes ist nicht einfach, es ist aber gut zu polieren. Über die Dauerhaftigkeit gibt es keine Untersuchungsergebnisse, Elsbeere wird ähnlich wie Birnbaum nicht dauerhaft sein.

Verwendung Schöne Stämme werden zu hochwertigen Furnieren verarbeitet und ähnlich wie Birnenholz verwendet. Elsbeere ist ein hochwertiges Drechsel- und Schnitzholz. Geeignet ist es auch für Musikinstrumente wie Flöten und Pfeifen. Es wurde früher wegen seiner Maßhaltigkeit für mechanische Teile in Messgeräten, spezielle Werkzeuge und im Klavierbau verwendet.

Ähnliche Hölzer Apfelbaum, Birnbaum

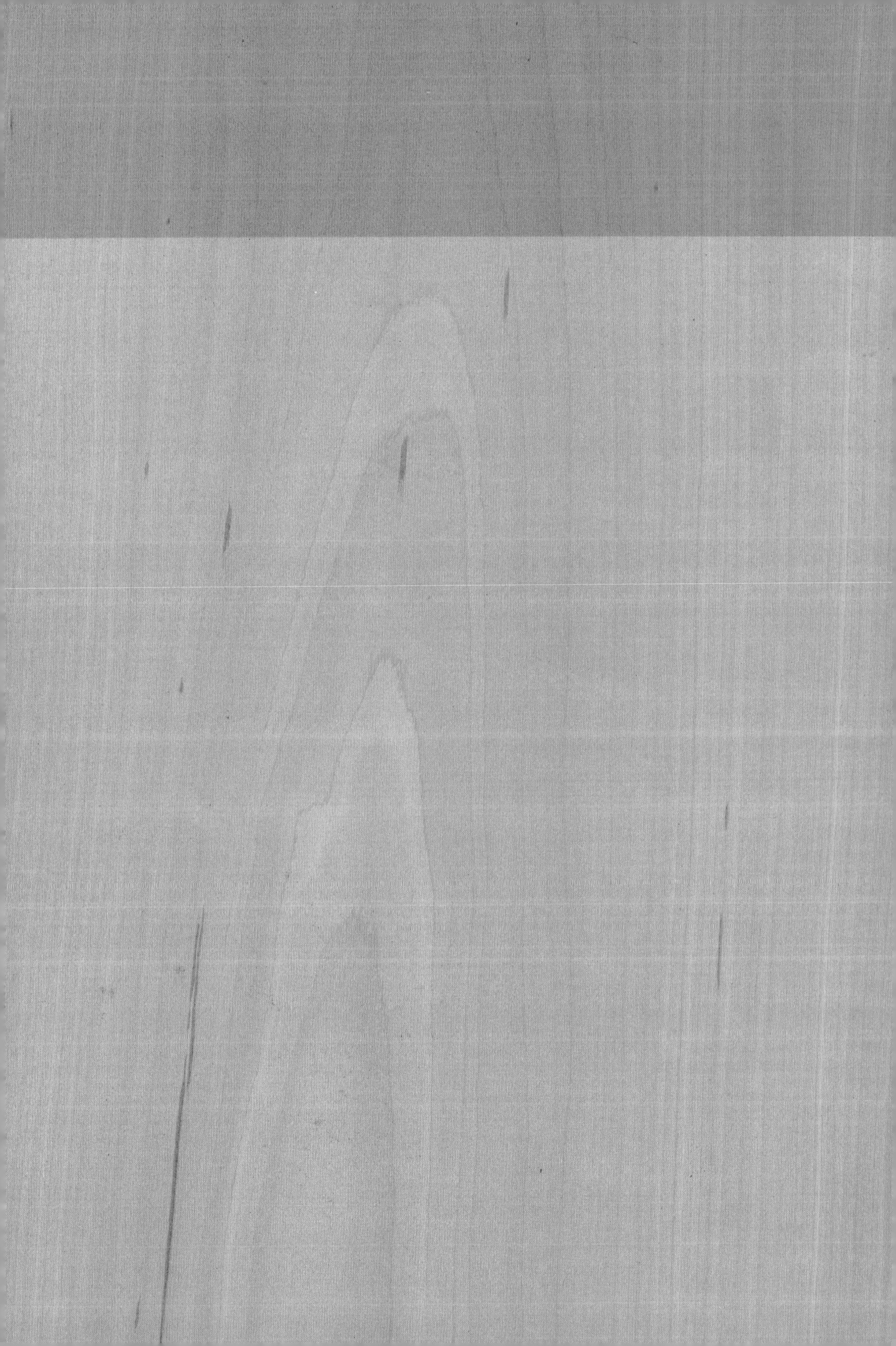

Erle

Weitere Handelsnamen Schwarz-, Roterle; Weiß-, Grauerle
Englisch Common alder
Botanischer Name *Alnus glutinosa* (L.) Gaertn.; *Alnus incana* (L.) Moench
Kurzzeichen ER (EN-Kurzzeichen: ALGL, ALIN)

Während die Schwarzerle bis zu 30 m hoch werden kann, bleibt die Weißerle oft nur ein Großstrauch. Die Rinde der Schwarzerle ist zuerst glatt, grünlichbraun mit rötlichen Korkwarzen. Im Alter weist sie eine schwarzbraune, kleinschuppige Borke auf. Bei der Weißerle bleibt die Rinde geschlossen und ist silbergrau. Die doppelt gesägten Blätter der Schwarzerle sind an der Blattspitze stumpf mit einer Einkerbung, bei der Weißerle spitz. In den Erlenzäpfchen sitzen die winzigen, schwimmfähigen Samen.

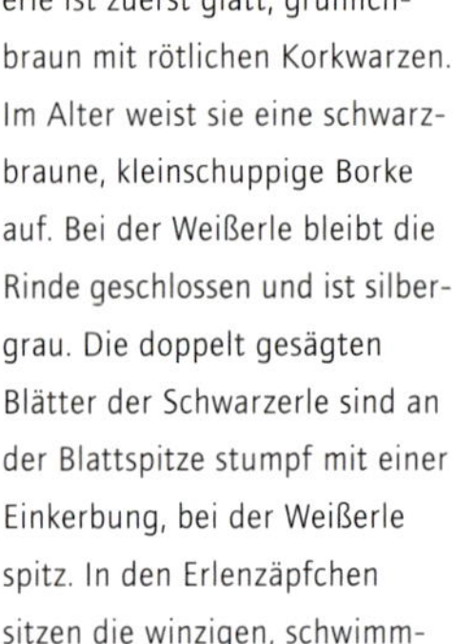

Erkennungsmerkmale des Holzes

Farbe Splint und Kern rötlichweiß bis gelbrot
Querschnitt Jahrringgrenzen mehr oder weniger deutlich erkennbar. Scheinholzstrahlen sichtbar
Radialschnitt schlichte Textur
Tangentialschnitt schlicht, häufig mit markanten Markflecken
Geruch nicht auffallend
Härte weich

Physikalische Kennwerte

Rohdichte	
Mittelwerte ρ_{12}	535 kg/m³
Grenzwerte ρ_{12}	420 – 810 kg/m³
Schwind- und Quellmaße	
Gesamtschwindmaß	
axial $\beta_{l,max}$	0,5 %
radial $\beta_{r,max}$	4,1 %
tangential $\beta_{t,max}$	7,9 %
Differenzielle Quellung	
radial q_r	0,16 %/%
tangential q_t	0,27 %/%

Mechanische Kennwerte

Elastische Eigenschaften	
Biege-Elastizitätsmodul E_l	10.100 N/mm²
Festigkeitseigenschaften	
Biegefestigkeit f_m	92 N/mm²
Zugfestigkeit $f_{t,0}$	93 N/mm²
Druckfestigkeit $f_{c,0}$	50 N/mm²
Härte	
Brinellhärte HB_0	35 N/mm²
Brinellhärte HB_{90}	13 N/mm²

Sonstige Kennwerte

Wärmeleitfähigkeit λ	0,109 W/mK
Natürliche Dauerhaftigkeit	
Pilze	5, nicht dauerhaft
Hausbockkäfer	D, dauerhaft
Anobium	S, nicht dauerhaft
Tränkbarkeit	
Kernholz	1, gut tränkbar
Splintholz	1, gut tränkbar
Farbe	
Farbwert (L*a*b*)	76,5*10,5*26,2*

Kulturgeschichtliches Adalbert Stifter verweist in seinem Roman „Nachsommer" auf die Möglichkeit, aus stets auf den Stock gestutzten Erlenstrünken Furniere zu schneiden, in denen „sich die schönste Gestaltung von Farbe und Zeichnung in Ringen, Flammen und allerlei Schlangenzügen darstellt". Andererseits galt das Holz des rasch wachsenden Baums als eher geringwertig, und die erfolgreiche Propagierung als Bioholz zum Möbelbau erfolgte aus dieser Marktnische heraus. Den Ingenieuren diente das sonst wenig beständige, aber unter Wasser härter und dauerhafter werdende Holz allerdings schon in römischer Zeit für Pfahlgründungen, auch verfertigte man daraus Brunnentröge und Wasserleitungen.

Allgemeines Von den verschiedenen Erlenarten liefert vor allem die Schwarzerle Nutzholz in verwertbaren Dimensionen. Man findet sie häufig in der Nähe von fließenden oder stehenden Gewässern. Die Schwarzerle ist bis in Höhen von 2.000 m zu finden. Die Weißerle stellt etwas geringere Ansprüche an die Bodenfeuchtigkeit und tritt in Höhen bis 1.400 m auf steinigen Böden auch als Pionierbaumart auf. Erlen weisen die höchsten Holzzuwächse im Alter von 20 bis 40 Jahren auf und werden selten älter als 120 bis 150 Jahre. Da bereits mit 60 bis 70 Jahren Kernfäule auftreten kann, wird eine rechtzeitige Holzernte empfohlen. Bei einer frühzeitigen Freistellung wertvoller Stämme zur Förderung vitaler Kronen sind mit 60 Jahren bereits Stämme mit 0,4 bis 0,6 m Durchmesser erreichbar.

Holzcharakteristik Frisches Holz ist blassgelblich bis hellrötlichweiß, nach dem ersten Trocknen oberflächlich in orangefarbig bis bräunlich übergehend, ist es trocken überwiegend blassgelb bis rötlichbraun. Oft zeigen die Hirnflächen rötlichbraune, tangential gerichtete Markflecken, die auf Tangentialflächen als Streifen auffällig und typisch sind. Die Jahrringe sind auf glatten Querschnitten durch geringe Hell-Dunkel-Unterschiede zwischen Früh- und Spätholz erkennbar. Die einzelnen Holzstrahlen sind ausnahmslos sehr schmal und niedrig. Vereinzelt und in regelmäßigen Abständen stehen sie aber so dicht zusammen, dass der Eindruck eines breiten Holzstrahls entsteht, der auf Radialflächen deutliche Spiegel und auf Tangentialflächen mehrere Zentimeter hohe Spindeln erzeugt (Scheinholzstrahl).

Eigenschaften Erlenholz ist mittelschwer (Darrdichte 505 kg/m³) und weich (Brinellhärte 13 N/mm²). Es ist leicht spaltbar und wenig elastisch. Die Bearbeitung des Holzes bereitet keine Probleme. Der Kraftaufwand ist mäßig und mit allen Werkzeugen sind glatte Oberflächen erzielbar. Nur bei Astansätzen oder anderen Faserabweichungen kann es zu wolligen Oberflächen kommen. Alle Erlenhölzer sind gut schäl- und messerbar, gut zu drechseln und zu fräsen. Sie sind in beliebiger Weise beizbar, insbesondere mahagoni-, nussbaum- und kirschbaumfarben. Die Oberflächenbehandlung ist problemlos. Die Trocknung verläuft schnell und führt nur selten zu leichter Rissbildung oder zum Verziehen. Im Zuge der Verarbeitungskette – Lagerung, Freiluftvortrocknung, technische Trocknung – können Verfärbungen auftreten, die bei den heutigen hohen Verarbeitungsansprüchen bemängelt werden. Erlenholz ist nicht dauerhaft (Klasse 5), die Tränkbarkeit ist gut.

Verwendung Erlenholz wird im Innenbereich verwendet: im Möbelbau, oft in Form verleimter Platten, sowie für Wand- und Deckenverkleidungen (Profilbretter, Kassetten). Verbreitet ist auch die Verarbeitung zu Kinderspielzeug und Küchengeräten, zu Schnitzholz in der Bildhauerei sowie im Modellbau.

Ähnliche Hölzer Kirschholz, gebeizt als Imitation von Nussholz

Esche

Weitere Handelsnamen Weiß-, Oliv-, Braunesche, Gemeine Esche; Schmalblättrige Esche
Englisch Ash, Common Ash, European Ash
Botanischer Name *Fraxinus excelsior* L.; *Fraxinus angustifolia* Vahl
Kurzzeichen ES (EN-Kurzzeichen: FXEX)

Die Esche erreicht Höhen bis 40 m und zeigt gewöhnlich einen geraden, schlanken Wuchs mit regelmäßiger Krone. Die Rinde ist zuerst glatt und graugrün, später schwarzbraun, rissig mit rhombischen Feldern. Die Blätter sind unpaarig gefiedert (9 bis 15 Fiederblätter), langgestielt, eilanzettlich zugespitzt und gesägt.

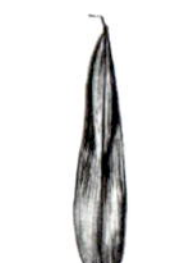

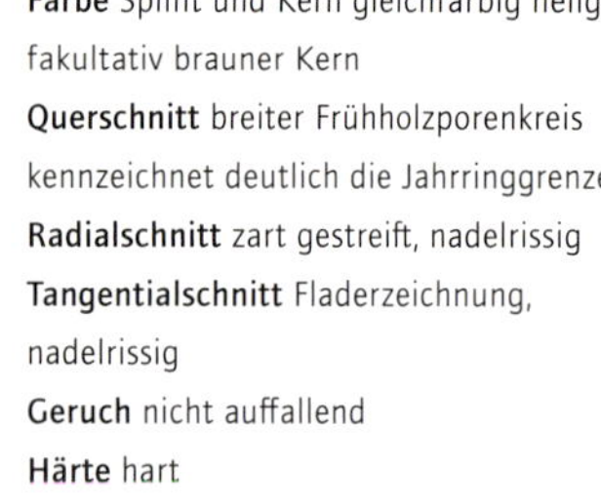

Erkennungsmerkmale des Holzes

Farbe Splint und Kern gleichfarbig hellgelb, fakultativ brauner Kern
Querschnitt breiter Frühholzporenkreis kennzeichnet deutlich die Jahrringgrenze
Radialschnitt zart gestreift, nadelrissig
Tangentialschnitt Fladerzeichnung, nadelrissig
Geruch nicht auffallend
Härte hart

Physikalische Kennwerte

Rohdichte	
Mittelwerte ρ_{12}	731 kg/m³
Grenzwerte ρ_{12}	420 – 940 kg/m³
Schwind- und Quellmaße	
Gesamtschwindmaß	
axial $\beta_{l,max}$	0,2 %
radial $\beta_{r,max}$	5,1 %
tangential $\beta_{t,max}$	7,9 %
Differenzielle Quellung	
radial q_r	0,19 %/%
tangential q_t	0,33 %/%

Mechanische Kennwerte

Elastische Eigenschaften	
Biege-Elastizitätsmodul E_l	14.200 N/mm²
Festigkeitseigenschaften	
Biegefestigkeit f_m	125 N/mm²
Zugfestigkeit $f_{t,0}$	142 N/mm²
Druckfestigkeit $f_{c,0}$	56 N/mm²
Härte	
Brinellhärte HB_0	66 N/mm²
Brinellhärte HB_{90}	35 N/mm²

Sonstige Kennwerte

Wärmeleitfähigkeit λ	0,158 W/mK
Gleichgew.-Feuchte ω_{37} (20°/37 %)	7,0 %
Gleichgew.-Feuchte ω_{83} (20°/83 %)	16,5 %
Natürliche Dauerhaftigkeit	
Pilze	5, nicht dauerhaft
Hausbockkäfer	S, nicht dauerhaft
Anobium	S, nicht dauerhaft
Tränkbarkeit	
Kernholz	2, mäßig tränkbar
Splintholz	2, mäßig tränkbar
Farbe	
Farbwert (L*a*b*)	82,3*6,2*25,4*

Kulturgeschichtliches Von den eschenen Schäften für Speere, Hacken und Steinäxte im Neolithikum führte die Entwicklung zu den Stielen von Hämmern, Pickeln und Schaufeln von heute. Erfahrene Werkleute wissen, dass die Jahrringe „stehend" angeordnet sein sollten, sodass die ringartigen „Augen" seitlich liegen. Dies verringert die Gefahr des Aufspaltens in Längsrichtung als Folge heftiger Schubkräfte. Für den Wagenbau war das feste und doch elastische Eschenholz ideal, was sich bis in die ersten Automobilkarosserien fortsetzte, doch wie in der Skiproduktion wurde es längst von anderen Materialien abgelöst. Und wer erinnert sich noch an die hölzernen Bänke der Eisenbahnen mit der ergonomischen Sitzkurve? Geblieben ist die Attraktivität des hellen Holzes für hochwertige Möbel.

Allgemeines Noch vor weniger Jahren galt die Esche als eine der wichtigsten Laubbaumarten für den Waldumbau und nach der Rotbuche war die Gemeine Esche der häufigste Laubbaum in Österreich. Wirtschaftlich relevant ist auch die Schmalblättrige Esche, die vor allem im Mittelmeerraum und Asien beheimatet ist und in Österreich ihr nördlichstes Verbreitungsgebiet hat. Seit das aus Asien stammende Eschentriebsterben, ausgelöst durch das falsche weiße Stängelbecherchen, in Mitteleuropa erstmals 2002 aufgetreten ist, weisen inzwischen Eschen beider Arten schwere Schäden auf. Dies bedroht die von der Esche dominierten Lebensräume in den Auwäldern sowie in Bergschluchtwäldern genauso wie die langfristige Bereitstellung von Eschenholz. Ohne diese Krankheit könnte die raschwüchsige Esche bis zu 250 Jahre alt werden. Im Wirtschaftswald erfolgt die Ernte mit 70 bis 90 Jahren bei Durchmessern von 0,4 bis 0,6 m.

Holzcharakteristik Die Esche ist eine Reifholzart bzw. ein Kernreifholzbaum. Die im Frühholz gebildeten großen Gefäße sind mit bloßem Auge sichtbar. Zusammen mit der hellen Farbe erleichtern sie die Identifikation. Allgemein besteht farblich kein Unterschied zwischen Kern- und Splintholz. Der sich spät entwickelnde „Farbkern" ist kein echtes, sondern ein fakultatives Kernholz. Bei amerikanischen Eschen ist es überwiegend gleichmäßig graubraun bis braun und klar abgesetzt, während es bei der europäischen Esche graubraun bis olivfarbig und oft wolkig ausgebildet ist. Vereinzelt entsteht eine im Querschnitt ringförmige Farbverteilung, die radial zu Farbstreifen führt. Derartig gemusterte Hölzer nennt man wegen ihrer Ähnlichkeit zur botanisch verwandten Olive (*Olea europea*) Olivesche. Sie erzielen, zu Furnieren gemessert, gute Preise.

Eigenschaften Mit einer Darrdichte von 690 kg/m³ gehört Eschenholz zu den eher schweren und harten Hölzern (Brinellhärte 35 N/mm²). Es ist ein zähes und elastisches Holz. Die Bearbeitung erfordert nur mäßigen Kraftaufwand. Zu beachten sind jedoch die Härteunterschiede zwischen Früh- und Spätholz, was besonders bei breitringigem Holz mit großem Spätholzanteil wichtig wird. Das Holz ist gedämpft gut biegbar sowie gut zu messern und zu schälen. Die Trocknung verläuft schnell und weitgehend fehlerfrei, allerdings bereitet eine Vergrauung bei technischer Holztrocknung oft Probleme. Unter Lichteinfluss wird weißes Eschenholz gelblich. Um eine verdunkelnde Schattenwirkung zu vermeiden, ist bei grobporigen Hölzern zur Oberflächenbehandlung eine Porenfüllung ratsam. Eschenholz ist anfällig für Pilze (Dauerhaftigkeitsklasse 5) und tierische Schädlinge, die Tränkbarkeit ist mäßig.

Verwendung Das helle Holz ist besonders geeignet für dekorative Furniere, Fußböden, Treppenstufen, Bugholzmöbel. Wegen seiner guten mechanischen Eigenschaften wird es für Sportgeräte (Barrenholme, Ruder, Sprossenwände), Werkzeugstiele (Hammer- und Axtstiele, Speichen, Leitern), im Gestell- und Gerätebau und im Musikinstrumentenbau (Schlagstöcke) verwendet. Die schöne türkische und ungarische Eschenmaser (ein Wimmerwuchs der Blumenesche *Fraxinus ornus* L.) ist bei Möbelherstellern sehr geschätzt.

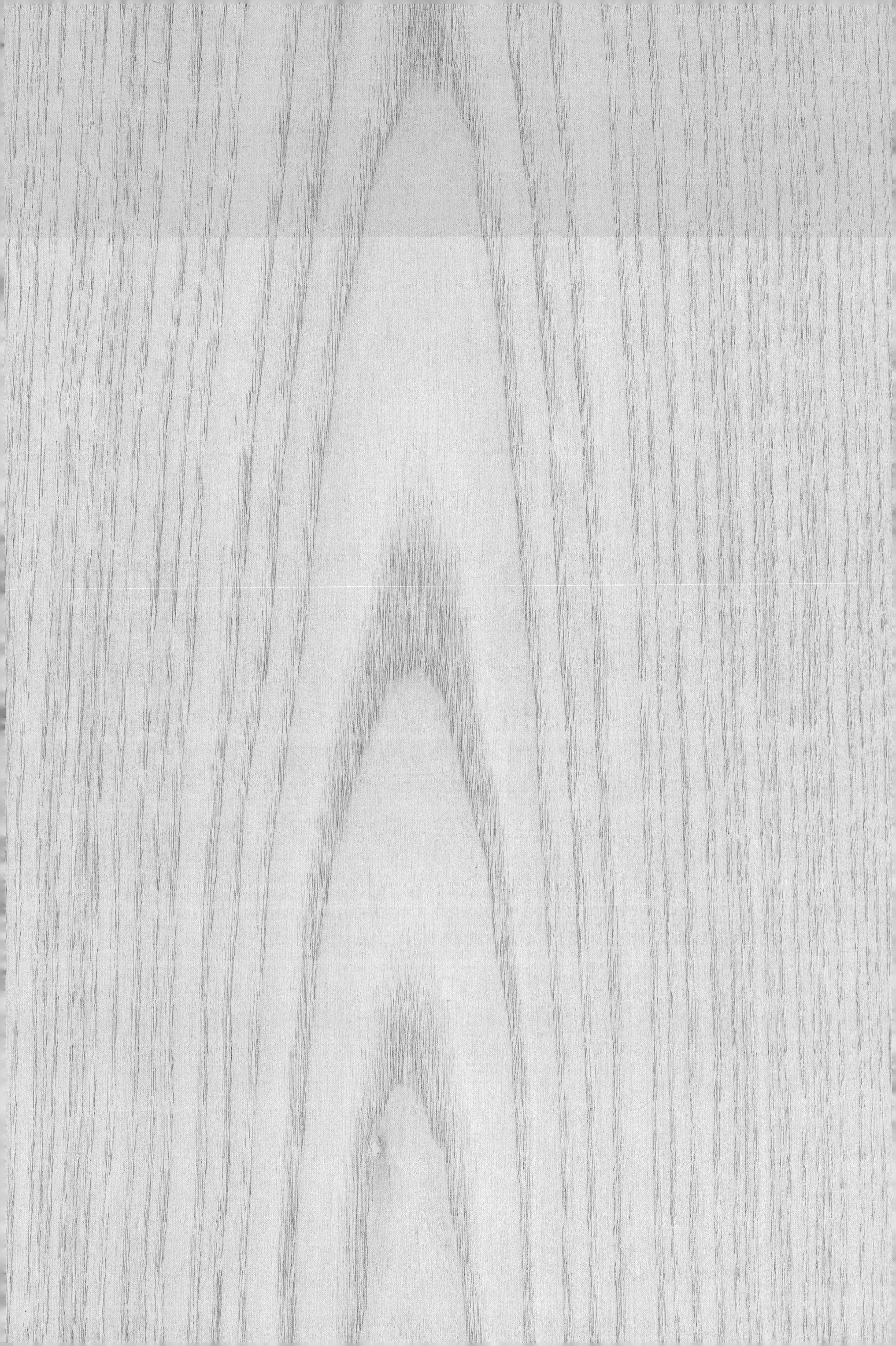

Fichte

Weitere Handelsnamen Rotfichte, Rottanne, Gemeine Fichte
Englisch Norway spruce, Spruce, Whitewood
Botanischer Name *Picea abies* (L.) Karst.
Kurzzeichen FI (EN-Kurzzeichen: PCAB)

Der große Baum erreicht Höhen zwischen 30 und 55 m, vereinzelt bis 60 m, wobei die astfreie Stammlänge bis 30 m und der Durchmesser bis 1,5 m betragen können. Die Rinde ist in der Jugend rotbraun (daher „Rottanne"), die Borke später dünn, rötlichgrau und blättert in dünnen Schuppen ab. Die Nadeln sind zugespitzt, auf kleinen Nadelkissen sitzend. Die Zapfen hängen an den Zweigen und fallen nach Samenreife als Ganzes ab.

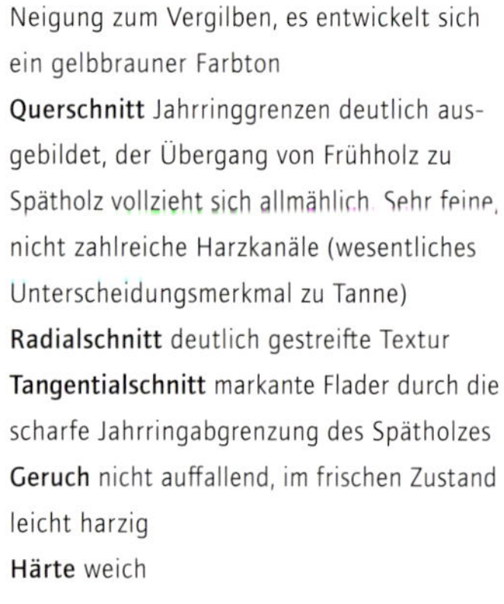

Erkennungsmerkmale des Holzes

Farbe weißlich, rahmgelb bis strohgelb, rötlich, sowohl im Splint als auch im Kern (Reifholz), bei Lichteinwirkung starke Neigung zum Vergilben, es entwickelt sich ein gelbbrauner Farbton
Querschnitt Jahrringgrenzen deutlich ausgebildet, der Übergang von Frühholz zu Spätholz vollzieht sich allmählich. Sehr feine, nicht zahlreiche Harzkanäle (wesentliches Unterscheidungsmerkmal zu Tanne)
Radialschnitt deutlich gestreifte Textur
Tangentialschnitt markante Flader durch die scharfe Jahrringabgrenzung des Spätholzes
Geruch nicht auffallend, im frischen Zustand leicht harzig
Härte weich

Physikalische Kennwerte

Rohdichte	
Mittelwerte ρ_{12}	448 kg/m³
Grenzwerte ρ_{12}	300 – 750 kg/m³
Schwind- und Quellmaße	
Gesamtschwindmaß	
axial $\beta_{l,max}$	0,3 %
radial $\beta_{r,max}$	4,0 %
tangential $\beta_{t,max}$	8,2 %
Differenzielle Quellung	
radial q_r	0,17 %/%
tangential q_t	0,30 %/%

Mechanische Kennwerte

Elastische Eigenschaften	
Biege-Elastizitätsmodul E_l	11.200 N/mm²
Festigkeitseigenschaften	
Biegefestigkeit f_m	77 N/mm²
Zugfestigkeit $f_{t,0}$	99 N/mm²
Druckfestigkeit $f_{c,0}$	48 N/mm²
Härte	
Brinellhärte HB_0	34 N/mm²
Brinellhärte HB_{90}	13 N/mm²

Sonstige Kennwerte

Wärmeleitfähigkeit λ	0,105 W/mK
Gleichgew.-Feuchte ω_{37} (20°/37 %)	7,0 %
Gleichgew.-Feuchte ω_{83} (20°/83 %)	16,4 %
Natürliche Dauerhaftigkeit	
Pilze	4, wenig dauerhaft
Hausbockkäfer	S, nicht dauerhaft
Anobium	S, nicht dauerhaft
Tränkbarkeit	
Kernholz	3 bis 4, schwer bis sehr schwer tränkbar
Splintholz	3v, schwer tränkbar, hohe Variabilität
Farbe	
Farbwert (L*a*b*)	85,8*6,5*27,0*

Kulturgeschichtliches Die Fichte ist der Brotbaum der Forstwirtschaft, gilt allerdings als besonders gefährdet im Klimawandel. Vielerorts wurde sie jahrzehntelang als standortfremde Baumart in Reinbeständen angepflanzt, um entwaldete Flächen schnell zu bestocken und Bauholz zu gewinnen. Stürme, Schneebruch und Trockenheit sowie der darauf unvermeidlich folgende Borkenkäfer führen immer häufiger zu einem hohen Schadholzanfall. Eine aktive Bewirtschaftung und Umwandlung zu Mischbeständen soll das Schadholzaufkommen reduzieren. Keine andere Baumart weist eine ähnlich große Vielfalt der Verwendung auf: von der Transportpalette über weit gespannte, elegante Holzkonstruktionen bis hin zum exklusiven, feinjährigen Resonanzholz für Klangböden von Klavieren und Decken von Saiteninstrumenten.

Allgemeines Die Fichte ist sowohl in Österreich und Deutschland als auch in der Schweiz die wichtigste und am häufigsten vorkommende heimische Baumart. Auf sehr begünstigten Standorten kann sie bis zu 600 Jahre alt werden. Tatsächlich ist der nachgewiesen älteste Baum der Welt mit 9.550 Jahren eine Fichte und steht in den Bergen Mittelschwedens. Bewirtschaftete Bestände werden in der Regel mit 80 bis 120 Jahren geerntet. Die Stämme sind zylindrisch und auffallend geradschäftig, neigen allerdings zu Drehwuchs.

Holzcharakteristik Die Jahrringgrenze wird durch das abschließende dunkle Spätholz und das im neuen Jahrring beginnende helle Frühholz deutlich markiert, was dem Holz einen dekorativen Charakter verleiht. Durch Alter, Standort und Kulturmaßnahmen können Jahrringbreiten und Spätholzanteile stark variieren, der Spätholzanteil beträgt aber höchstens ein Viertel der Jahrringbreite. Vor allem bei alten Bäumen aus Hochlagen kann sie über weite Teile des Querschnitts geringer als 1 mm sein. Als „Haselwuchs" tritt vereinzelt ein feinwelliger Faserverlauf auf, der als „Haselfichte" gesucht ist. Farbe und Struktur werden durch die Jahrringbreite und das Früh- und Spätholz bestimmt. Frisch gehobeltes Holz ist fast weiß und matt glänzend, da das helle Frühholz überwiegt. Spätholz ist gelblich- bis rötlichbraun. An Brettern findet man häufig angeschnittene Harzgallen. Die fast weiße Grundfarbe neigt unter Lichteinfluss zum Vergilben, später entwickelt sich ein honiggelbbrauner Farbton.

Eigenschaften Fichtenholz ist leicht (Darrdichte 434 kg/m³) und weich (Brinellhärte 13 N/mm²). Die Angleichgeschwindigkeit der Holzfeuchte an das Umgebungsklima ist eher langsam, das Stehvermögen gut. Allgemein gilt Fichtenholz als mäßig schwindend. Es ist leicht zu bearbeiten, gut zu schälen und zu messern, sofern Anzahl und Größe der Äste gering sind. Die Trocknung verläuft schnell und problemlos, bei sehr scharfer Trocknung können feine Risse und sich lockernde Äste auftreten. Bei der Oberflächenbehandlung sind keine Probleme bekannt. Harztaschen sind vorher auszubessern. Fichte wird in die Dauerhaftigkeitsklasse 4 eingestuft, für Anobien und Hausbockbefall ist sowohl Splint- als auch Kernholz anfällig. Die Tränk- oder Imprägnierbarkeit von trockenem Fichtenholz ist schlecht.

Verwendung Das Holz ist vielseitig einsetzbar, es ist das wichtigste Bau- und Konstruktionsholz, ob als Konstruktionsvollholz, in Form verleimter Lamellen (Brettschichtholz, Massivholzplatten, Brettsperrholz); für Bautischlerarbeiten, Innenausbau, Halbfertigwaren, Bauhilfsstoffe (Gerüste, Schalungen), Rahmenbau (Fenster, Haustüren, Wandelemente), als Profilholz in Außen- und Innenverkleidungen, Verpackungsmittel (Kisten, Paletten, Steigen) sowie für Möbel und Musikinstrumente. Fichtenholz ist Hauptrohstoff zur Zellstofferzeugung und hält einen großen Anteil an Industrieholz und Hackgut für plattenförmige Holzwerkstoffe. Die Nutzung für Energiezwecke ist verbreitet. Säge- und Hobelspäne werden auch in Form von Briketts oder Pellets als Energieträger vermarktet.

Ähnliches Holz Tanne

47 Fichte 48 Fichte mit Astbild

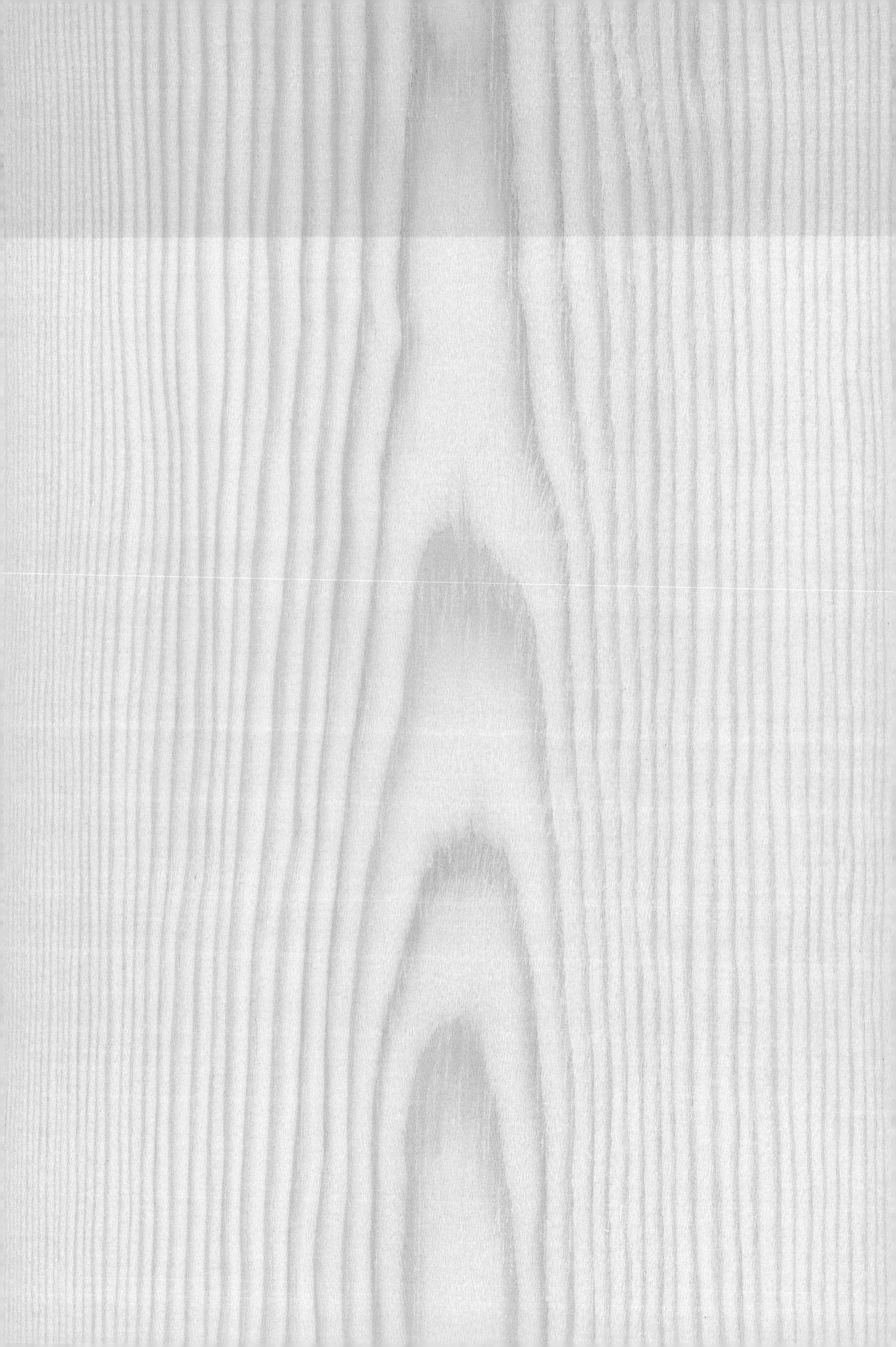

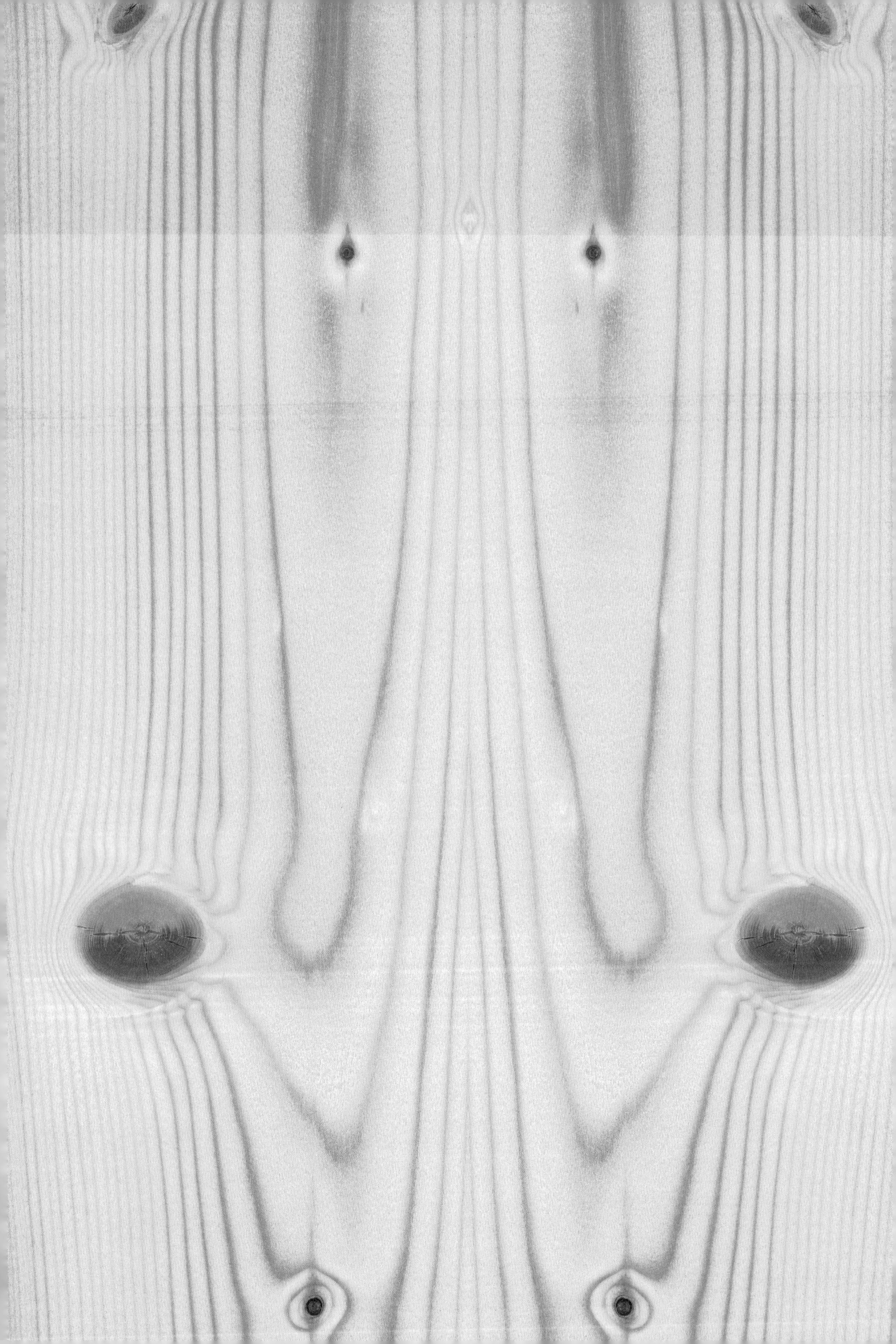

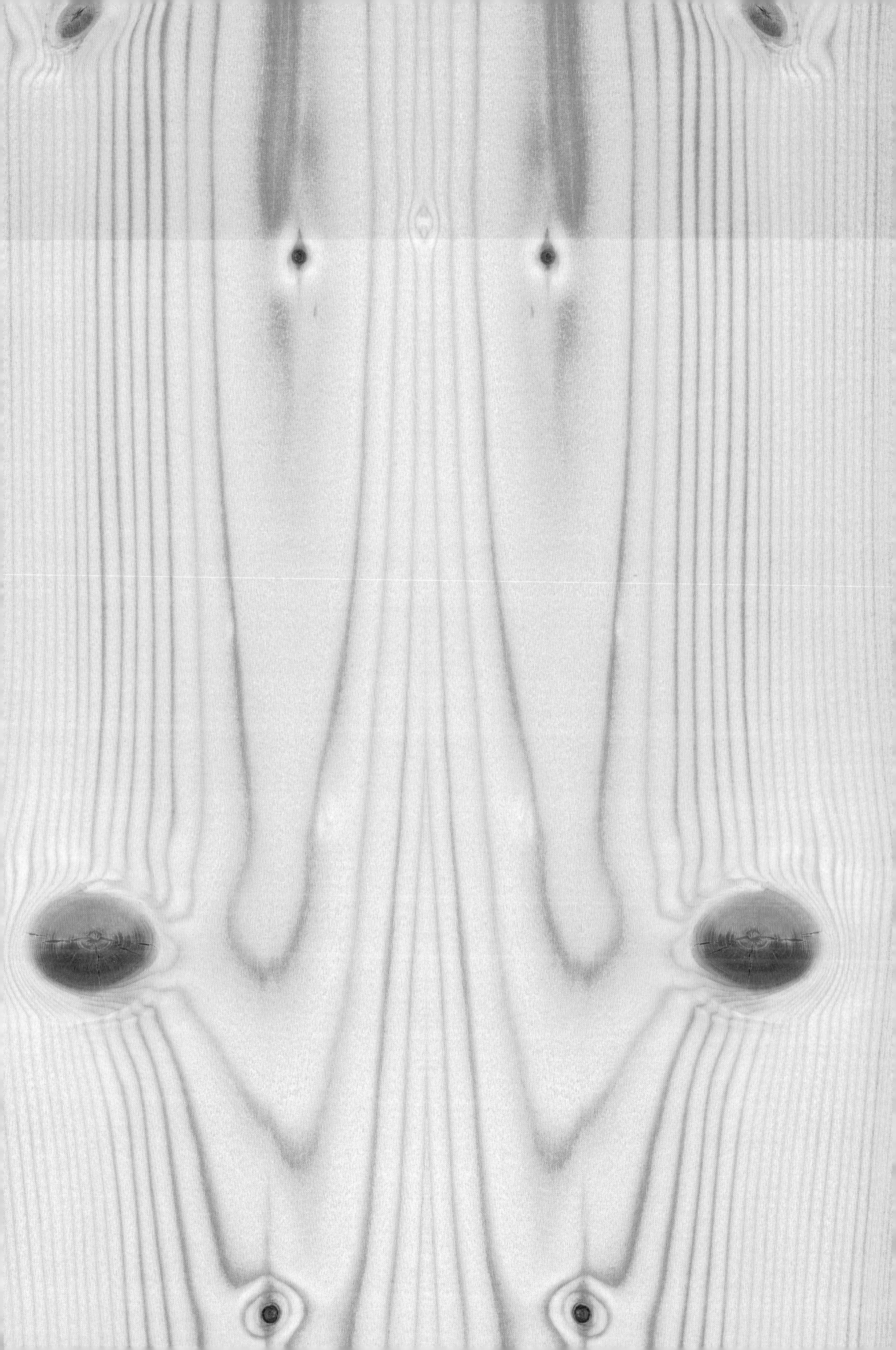

Hainbuche

Weitere Handelsnamen Weißbuche, Hagebuche, Hornbaum
Englisch Hornbeam
Botanischer Name *Carpinus betulus* L.
Kurzzeichen HB (EN-Kurzzeichen: CPBT)

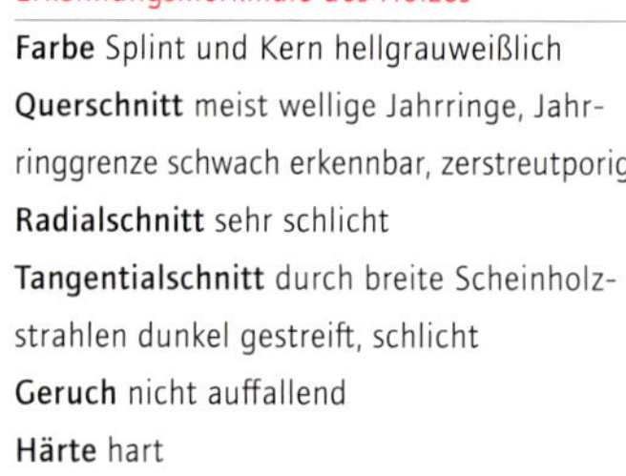

Die Hainbuche trifft man mit meist spannrückigen Stämmen an (welliger Stammquerschnitt), die bis zu 25 m hoch werden können. Die Rinde ist dünn, graugrün bis dunkelgrau. Die Blätter haben einen doppelt fein gezähnten Rand. Die kleinen, harten Nussfrüchte sitzen am Grund eines dreilappigen Hüllblattes und sind zu mehreren in einem Fruchtstand vereinigt.

Erkennungsmerkmale des Holzes

Farbe Splint und Kern hellgrauweißlich
Querschnitt meist wellige Jahrringe, Jahrringgrenze schwach erkennbar, zerstreutporig
Radialschnitt sehr schlicht
Tangentialschnitt durch breite Scheinholzstrahlen dunkel gestreift, schlicht
Geruch nicht auffallend
Härte hart

Physikalische Kennwerte

Rohdichte	
Mittelwerte ρ_{12}	796 kg/m³
Grenzwerte ρ_{12}	540 – 888 kg/m³
Schwind- und Quellmaße	
Gesamtschwindmaß	
axial $\beta_{l,max}$	0,5 %
radial $\beta_{r,max}$	6,0 %
tangential $\beta_{t,max}$	10,7 %
Differenzielle Quellung	
radial q_r	0,23 %/%
tangential q_t	0,36 %/%

Mechanische Kennwerte

Elastische Eigenschaften	
Biege-Elastizitätsmodul E_l	14.500 N/mm²
Festigkeitseigenschaften	
Biegefestigkeit f_m	141 N/mm²
Zugfestigkeit $f_{t,0}$	140 N/mm²
Druckfestigkeit $f_{c,0}$	70 N/mm²
Härte	
Brinellhärte HB_0	66 N/mm²
Brinellhärte HB_{90}	34 N/mm²

Sonstige Kennwerte

Wärmeleitfähigkeit λ	0,178 W/mK
Natürliche Dauerhaftigkeit	
Pilze	5, nicht dauerhaft
Hausbockkäfer	n. a.
Anobium	S, nicht dauerhaft
Tränkbarkeit	
Kernholz	1, gut tränkbar
Splintholz	1, gut tränkbar
Farbe	
Farbwert (L*a*b*)	81,2*4,8*22,9*

Kulturgeschichtliches Die vitale Ausschlagskraft der Hainbuche nützten die Menschen schon im Frühmittelalter zur Einrichtung lebender Hecken. „Hagebuche" zusammen mit „Hagedorn" und „Hagrose" hielten nicht nur das Vieh zusammen, sondern dienten wegen ihrer Undurchdringbarkeit als Schutzgürtel und zur Abwehr. In den Gärten der Barockzeit liebte man hingegen exakt geschnittene Raumbegrenzungen und Bosketten. Dafür war die stets aufs Neue treibende Hainbuche ein ideales Gehölz. Aus dem schweren, harten und zähen Holz fertigte man Radachsen, Holzschlägel, Schusterleisten sowie die Zähne von Räderwerken im Mühlenbau. In den Anfängen des Buchdrucks wurden Drucklettern aus Hainbuche geschnitzt.

Allgemeines Die Hainbuche ist trotz ihres Namens nicht mit der Buche verwandt, sondern gehört zu den Birkengewächsen. Die Bäume wachsen meist einzeln oder in kleinen Gruppen und sind oft am Aufbau von Waldrändern beteiligt. Als wärmeliebende Baumart tritt sie über 1.100 m praktisch nicht auf. Sie ist als Mischbaumart häufig in Eichen- und Buchenwäldern zu finden. Hier trägt sie dazu bei, wertvolle Bäume zu erziehen und durch Beschattung der Stämme vor der Bildung von Wasserreisern zu bewahren. Die Hainbuche ist oft in Parks anzutreffen und wegen ihrer Schnittverträglichkeit eine geschätzte Heckenpflanze. Typisch für die Hainbuche ist die Ausbildung der Spannrückigkeit, einer sehr unregelmäßigen Stammquerschnittsform. Ihr natürliches Alter ist mit 150 Jahren begrenzt.

Holzcharakteristik Aufgrund der Spannrückigkeit verlaufen die Jahrringe auf dem Querschnitt meist leicht wellig. Das hellgraue Holz vergilbt unter Lichteinfluss zu gelblichbraun. Die Poren sind mit bloßem Auge nicht sichtbar und beeinflussen das Holzbild in keiner Schnittrichtung. Die Radialflächen erscheinen durch große Scheinholzstrahlspiegel (die einzelnen schmalen Holzstrahlen stehen so dicht zusammen, dass der Eindruck eines breiten Holzstrahls entsteht) fast fleckig. Auch auf den Tangentialflächen prägen die oft mehrere Zentimeter hohen Holzstrahlspindeln das Oberflächenbild. Nicht selten zeigen die Hirnflächen rötlichbraune, tangential gerichtete Markflecken. Wegen der ausgeprägten Spannrückigkeit ist der Faserverlauf stark unregelmäßig.

Eigenschaften Die Hainbuche liefert das schwerste Holz aller heimischen Nutzholzarten (Darrdichte 742 kg/m³). Die Härte liegt mit 34 N/mm² etwas unter der Buche. Es ist wegen des welligen Faserverlaufs äußerst schwer spaltbar. Das Holz der Hainbuche ist gut zu drechseln, zu bohren und zu fräsen; beim Sägen in Faserrichtung können Spannungsrisse auftreten. Bei der Oberflächenbehandlung sind keine Probleme bekannt. Die Trocknung des Holzes ist infolge starker Schwindung sehr schwierig. Bei Freilufttrocknung unter Dach empfiehlt es sich – aufgrund der ausgeprägten Tendenz zu Rissbildung –, die Schnittenden zu versiegeln. Bei der technischen Trocknung ist äußerst vorsichtig zu verfahren, da sich neben der starken Schwindung auch Stammspannungen auswirken können. Hainbuche ist nicht dauerhaft (Dauerhaftigkeitsklasse 5), aber gut tränkbar.

Verwendung Wegen seiner hohen Abnützungsfestigkeit wird Hainbuchenholz besonders für technisch stark beanspruchte Gegenstände von kleinen Dimensionen verwendet: Hackblöcke, Spannzwingen, Hobelsohlen, Kegel. Im Musikinstrumentenbau wird es in der Klaviermechanik eingesetzt sowie hin und wieder zu Schlagstöcken verarbeitet. Als Furnier ist es praktisch nicht im Handel, sehr wohl aber als Schnittware.

Kiefer (Föhre)

Weitere Handelsnamen Weißkiefer, Waldkiefer, Rotföhre, Forche | Schwarzkiefer
Englisch Scots pine | Black pine
Botanischer Name *Pinus sylvestris* L. | *Pinus nigra* Arnold
Kurzzeichen KI | SK (EN-Kurzzeichen: PNSY | PNNN)

Kiefern haben in der Jugend zuerst einen kegelförmigen Wuchs, der später einer unregelmäßigen Krone weicht (in exponierter Lage schirmförmig). Baumhöhe von 10 bis 30 m, maximal 40 m. Die Weißkiefer weist im unteren Stammbereich eine tiefrissige, platte Borke auf, während sie im oberen Bereich bis ins hohe Alter eine dünne, fuchsrote Rinde hat. Die Borke der Schwarzkiefer ist grau bis dunkelbraun und tief gefurcht. Beide Baumarten sind Zweinadler, die Nadeln sitzen immer paarweise auf den Zweigen und sind in sich gedreht. Die Zapfen der Weißkiefer sind klein, eiförmig auf kurzen Stielen, die der Schwarzkiefer können bis zu 14 cm groß werden.

Erkennungsmerkmale des Holzes

Farbe Der hellgelbe Splint wird von einem gelbrötlichen bis rötlichbraunen Kern abgelöst, der im Licht stark nachdunkelt.
Querschnitt deutlich erkennbare Jahrringe; der Übergang von Früh- zu Spätholz ist allmählich bis abrupt; Harzkanäle sind deutlich erkennbar (größer als bei Fichte und Lärche)
Radialschnitt lebhaft gestreift
Tangentialschnitt dekorativ gefladert, die Harzkanäle erscheinen als feine Linien
Geruch leicht aromatisch, harzig
Härte mittelhart

Physikalische Kennwerte

Rohdichte	
Mittelwerte ρ_{12}	517 | 566 kg/m³
Grenzwerte ρ_{12}	332 – 890 | 370 – 950 kg/m³
Schwind- und Quellmaße	
Gesamtschwindmaß	
axial $\beta_{l,max}$	0,3 | 0,4 %
radial $\beta_{r,max}$	4,1 | 3,9 %
tangential $\beta_{t,max}$	7,8 | 6,9 %
Differenzielle Quellung	
radial q_r	0,17 %/% | –
tangential q_t	0,31 %/% | –

Mechanische Kennwerte

Elastische Eigenschaften	
Biege-Elastizitätsmodul E_l	12.900 | 13.583 N/mm²
Festigkeitseigenschaften	
Biegefestigkeit f_m	95 | 109 N/mm²
Zugfestigkeit $f_{t,0}$	102 | 104 N/mm²
Druckfestigkeit $f_{c,0}$	51 | 52 N/mm²
Härte	
Brinellhärte HB_0	38 | 54 N/mm²
Brinellhärte HB_{90}	19 | 25 N/mm²

Sonstige Kennwerte

Wärmeleitfähigkeit λ	0,137 W/mK
Gleichgew.-Feuchte ω_{37} (20°/37 %)	7,0 %
Gleichgew.-Feuchte ω_{83} (20°/83 %)	15,3 %
Natürliche Dauerhaftigkeit	
Pilze	3 bis 4, mäßig bis wenig dauerhaft | 4v, hohe Variabilität
Hausbockkäfer	D, dauerhaft | D
Anobium	D, dauerhaft | D
Tränkbarkeit	
Kernholz	3 bis 4, schwer bis sehr schwer tränkbar | 4v, hohe Variabilität
Splintholz	1, gut tränkbar | 1v, hohe Variabilität
Farbe	
Farbwert (L*a*b*)	74,8*12,2*32,4*

Angaben für Weißkiefer | Schwarzkiefer

Kulturgeschichtliches Als Pionierpflanze bildete die Kiefer mit der Birke zusammen die ersten nacheiszeitlichen Wälder, wurde aber von Eichen und Buchen verdrängt. Von den Menschen wurde sie wegen des hohen Harzgehalts angebaut. Die Destillation lieferte nicht nur Teer zum Dichten von Fässern und Booten sowie das als Lösungsmittel verwendete Terpentinöl, sondern auch Kolophonium zum Harzen der Geigenbögen. Stark verharzte Stammteile, gespalten in Stäbe von 20 cm Länge, dienten in Form von Kienspänen noch im 19. Jahrhundert als Leuchtmittel. Und da ein Boden aus dem harzreichen Holz kaum knarrt, bestehen Theaterbühnen, jene „Bretter, die die Welt bedeuten“, meist aus Schwarzkiefer.

Allgemeines Kiefern wachsen auf nahezu jedem Standort. Aufgrund ihrer geringen Konkurrenzkraft gegenüber anderen Baumarten dominiert sie nur auf besonders schlechten Standorten (sehr trocken, nährstoffarm, stark sauer und/oder kalt). Kiefern sind praktisch in ganz Europa und in Nordasien bis zum Pazifik verbreitet, in den Zentralalpen bis auf circa 2.000 m Höhe. Die Schwarzkiefer kommt vor allem im Mittelmeerraum vor bis hin zum nördlichen Alpenostrand. Weitere Bestände finden sich in den Trockentälern der Zentralalpen. Astfreie Stämme im unteren Bereich sind bei guter Bestandspflege möglich. Als Höchstalter gelten 600 Jahre, das Erntealter liegt zwischen 100 und 160 Jahren.

Holzcharakteristik Das harzreiche Kiefernholz greift sich fett an. Auch bei diesem Nadelholz ist die Jahrringgrenze aufgrund deutlicher Unterschiede der Zellwandstärken von Spät- und Frühholz klar zu erkennen. Der Splint dunkelt kräftig nach zu Honiggelb und der Kernbereich zu Rotbraun. Dieses charakteristische Bild ist im frischen Zustand noch nicht so stark ausgeprägt.

Eigenschaften Das Holz der Weißkiefer ist mittelschwer (Darrdichte 488 kg/m³), etwas schwerer ist das Schwarzkiefernholz (533 kg/m³ im darrtrockenen Zustand). Das mittelharte Holz der Weißkiefer weist eine Brinellhärte von 19 N/mm² auf, während das Holz der Schwarzkiefer mit 25 N/mm² bereits als mittelhart gilt. Beide Hölzer zeichnet eine hohe Angleichgeschwindigkeit der Holzfeuchte an das Umgebungsklima aus. Astfreies Kiefernholz weist höhere Festigkeiten auf als Fichtenholz, wegen unregelmäßigen Faserverlaufs und größeren Astanteils wirkt sich dieser Vorteil in der Praxis aber kaum aus. Kiefernholz ist leicht zu trocknen und zu bearbeiten, sieht man vom Verkleben der Werkzeuge bei besonders harzigen Qualitäten ab. Nach dem Entfetten (Entfernen des Harzes auf der Oberfläche) ist es gut zu polieren und zu beizen. In der Dauerhaftigkeit liegt das Kernholz der Kiefer in Klasse 3 bis 4 (mäßig bis wenig dauerhaft). Besonders anfällig auf Bläuepilze ist das Splintholz, weshalb ein unverzügliches Aufarbeiten frisch geschlagenen Kiefernholzes ratsam ist. Kiefernsplintholz lässt sich gut imprägnieren, Kernholz schlecht bis sehr schlecht.

Verwendung Das Kiefernholz ist vielseitig einsetzbar: als Bau- und Konstruktionsholz, als Tischlerholz für Bautischlerarbeiten, im Innenausbau und Möbelbau sowie als Industrieholz für Plattenwerkstoffe, Leimbauteile und weitere Halbfertigwaren. Wegen des sich mit der Zeit verstärkenden Farbunterschieds zwischen Splint- und Kernholz sowie wegen der zahlreichen eingewachsenen Äste wird es bei Inneneinrichtungen verwendet, um eine rustikale Note zu erzielen. Imprägniertes Kiefernholz wird häufig auf Spielplätzen und für Masten verwendet. Wegen der großen Menge an Wald- und Industriehackgut wird es in Hackschnitzelheizungen als Energieholz genutzt. Die in Be- und Verarbeitung anfallenden Säge- und Hobelspäne werden in der Holzwerkstoffindustrie weiter verarbeitet oder, zu Briketts oder Pellets gepresst, als Energieträger vermarktet.

Ähnliche Hölzer Lärche, Weymouthskiefer, Zirbe

Kirschbaum

Weitere Handelsnamen Vogelkirsche, Wildkirsche
Englisch Wild cherry, Sweet cherry
Botanischer Name *Prunus avium* L.
Kurzzeichen KB (EN-Kurzzeichen: PRAV)

Der Kirschbaum wird bis zu 25 m hoch. Die Rinde ist dunkelrotbraun, bekommt auffällige waagrechte Streifen und löst sich dann in Querbändern ringförmig ab. Die Blätter sind groß, oval zugespitzt und grob gezähnt. Am Blattstiel befinden sich zwei große Drüsen. Die Früchte der wilden Vogelkirsche besitzen im Vergleich zu den gezüchteten Sorten nur wenig Fruchtfleisch, das sich aber durch eine intensive herbe Süße auszeichnet.

Erkennungsmerkmale des Holzes

Farbe Splint gelblichweiß, Kern gelbrötlich bis rötlichbraun, fallweise mit grünen Streifen
Querschnitt halbringporig, die kleinen Frühholzporen bilden einen Porenring
Radialschnitt durch die Spiegel sehr dekorativ
Tangentialschnitt leicht gefladerte Textur, fein nadelrissig
Geruch nicht auffallend
Härte mittelhart

Physikalische Kennwerte

Rohdichte	
Mittelwerte ρ_{12}	614 kg/m³
Grenzwerte ρ_{12}	507 – 800 kg/m³
Schwind- und Quellmaße	
Gesamtschwindmaß	
axial $\beta_{l,max}$	4,6 %
radial $\beta_{r,max}$	9,1 %
tangential $\beta_{t,max}$	–
Differenzielle Quellung	
radial q_r	0,17 %/%
tangential q_t	0,30 %/%

Mechanische Kennwerte

Elastische Eigenschaften	
Biege-Elastizitätsmodul E_l	10.100 N/mm²
Festigkeitseigenschaften	
Biegefestigkeit f_m	94 N/mm²
Zugfestigkeit $f_{t,0}$	100 N/mm²
Druckfestigkeit $f_{c,0}$	47 N/mm²
Härte	
Brinellhärte HB_0	56 N/mm²
Brinellhärte HB_{90}	28 N/mm²

Sonstige Kennwerte

Wärmeleitfähigkeit λ	0,120 W/mK
Natürliche Dauerhaftigkeit	
Pilze	3 bis 5, mäßig bis nicht dauerhaft
Hausbockkäfer	S, nicht dauerhaft
Anobium	D, dauerhaft
Tränkbarkeit	
Kernholz	n. a.
Splintholz	n. a.
Farbe	
Farbwert (L*a*b*)	67,2*12,5*30,5*

Kulturgeschichtliches Die rote Farbe der Früchte und ihr süßer Geschmack evozieren Assoziationen zu Lust, Liebe und Genuss – nicht zuletzt zum Verbotenen. Daher schmecken, wie der Volksmund meint, stibitzte Kirschen am besten. Nicht wenig von dieser sinnlichen Kraft scheint auch im rötlichbraunen Holz zu schlummern, das für Wohnlichkeit und Wärme steht. Ja, selbst mit den Kernen, in großer Zahl in Leinensäcklein eingenäht, ließ sich die Wärme des Kachelofens ins winterlich kalte Bett tragen. Das feine Edelholz motivierte Gestaltende seit Biedermeier und Jugendstil immer wieder zu eleganten, formschönen und nicht zuletzt bequemen Möbeln.

Allgemeines Unter der Bezeichnung Kirschbaum erhält man im Holzhandel entweder das Holz der heimischen Vogelkirsche oder das des amerikanischen Kirschbaums (*Prunus serotina* Ehrh.). Im Wald ist die Vogelkirsche Nahrungsquelle für Bestäuber, Vögel und Kleinsäuger. Dort leuchten Ende März bis Mitte April die weißen Blüten aus dem noch unbelaubten Baum und im Sommer die roten Früchte. Aber auch für die Forstwirtschaft wird die Vogelkirsche mit dem Klimawandel zunehmend interessant, denn sie ist wärmeliebend und ihre Stämme können bei guter Pflege bereits nach 60 Jahren beachtliche Dimensionen erzielen. Da das Stammholz leicht kernfaul wird und daher Kirschbäume selten älter als 100 Jahre werden, sollte auch mit der Holzernte nicht zu lange gewartet werden (60 bis 70 Jahre).

Holzcharakteristik Die Jahrringgrenze wird durch mittelgroße, einen deutlichen Ring bildende Frühholzporen markiert, die in dieser Wachstumsphase konzentriert auftreten. Bei Lichteinwirkung kann das Holz hellgoldbraun bis rötlichbraun nachdunkeln. Durch die Behandlung mit Alkalien oder Dämpfen lässt sich sogar ein nahezu mahagoniartiger Farbton erzielen. Hervorgerufen durch die Holzstrahlen ergeben sich im Radialschnitt schöne Spiegelzeichnungen.

Eigenschaften Kirschbaumholz ist mittelschwer (Darrdichte 567 kg/m³) und mittelhart (Brinellhärte 28 N/mm²). Das Holz ist mit allen Werkzeugen und nach sämtlichen Verfahren gut zu bearbeiten. Wegen seiner homogenen Struktur sind äußerst glatte Oberflächen erzielbar. Insgesamt verläuft die Trocknung schnell und problemlos. Größere Dimensionen neigen zu Hirnrissen, bei kleineren besteht die Gefahr von Verwerfungen. Bei Freilufttrocknung ist darauf zu achten, dass das Holz sorgfältig abgestapelt und abgedeckt ist. Gegen Pilzbefall ist es mäßig dauerhaft (Dauerhaftigkeitsklasse 3).

Verwendung Kirschbaumholz wird massiv und als Furnier verwendet, ob für Möbel, Innenausbau, Wand- und Deckenverkleidungen, Vertäfelungen oder für verschiedene Einrichtungsgegenstände und Accessoires. Kirschbaumholz gilt als Klassiker unter den Möbelhölzern und war das beliebteste Möbelholz der Biedermeierzeit.

Ähnliches Holz Zwetschkenbaum

Lärche

Weiterer Handelsname Europäische Lärche
Englisch European larch
Botanischer Name *Larix decidua* Mill.
Kurzzeichen LA (EN-Kurzzeichen: LADC)

Die Lärche hat einen stumpfkegelförmigen Wuchs und erreicht Höhen bis 45 m. Die Rinde ist in der Jugend grau und glatt; alte Lärchen haben eine dicke, tiefrissige Schuppenborke, die innen rot und außen graubraun ist. Die weichen, hellgrünen Nadeln sitzen in Büscheln an kleinen, höckerartigen Kurztrieben. Die kleinen Zapfen stehen aufrecht am Zweig und bleiben nach dem Ausfallen der Samen noch jahrelang am Baum.

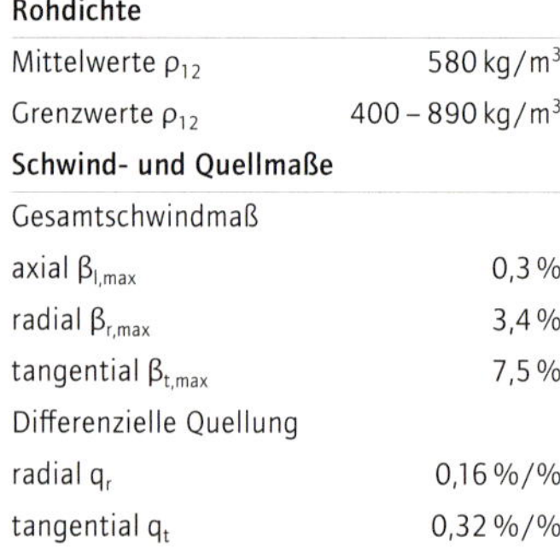

Erkennungsmerkmale des Holzes

Farbe Splintholz blassrötlichgelb, Kern hellbraun bis rotbraun
Querschnitt Jahrringe deutlich, Übergang von Früh- zu Spätholz abrupt; feine Harzkanäle
Radialschnitt deutlich gestreifte Textur
Tangentialschnitt markante dekorative Fladerzeichnung
Geruch nicht markant, frisch leicht aromatisch
Härte mittelhart

Physikalische Kennwerte

Rohdichte	
Mittelwerte ρ_{12}	580 kg/m³
Grenzwerte ρ_{12}	400 – 890 kg/m³
Schwind- und Quellmaße	
Gesamtschwindmaß	
axial $\beta_{l,max}$	0,3 %
radial $\beta_{r,max}$	3,4 %
tangential $\beta_{t,max}$	7,5 %
Differenzielle Quellung	
radial q_r	0,16 %/%
tangential q_t	0,32 %/%

Mechanische Kennwerte

Elastische Eigenschaften	
Biege-Elastizitätsmodul E_l	13.200 N/mm²
Festigkeitseigenschaften	
Biegefestigkeit f_m	99 N/mm²
Zugfestigkeit $f_{t,0}$	104 N/mm²
Druckfestigkeit $f_{c,0}$	56 N/mm²
Härte	
Brinellhärte HB_0	52 N/mm²
Brinellhärte HB_{90}	20 N/mm²

Sonstige Kennwerte

Wärmeleitfähigkeit λ	0,117 W/mK
Gleichgew.-Feuchte ω_{37} (20°/37 %)	8,0 %
Gleichgew.-Feuchte ω_{83} (20°/83 %)	17,1 %
Natürliche Dauerhaftigkeit	
Pilze	3 bis 4, mäßig bis wenig dauerhaft
Hausbockkäfer	D, dauerhaft
Anobium	D, dauerhaft
Tränkbarkeit	
Kernholz	4, sehr schwer tränkbar
Splintholz	2v, mäßig tränkbar, hohe Variabilität
Farbe	
Farbwert (L*a*b*)	69,8*14,0*34,0*

Kulturgeschichtliches Sonnenlicht verstärkt den freundlich-fröhlichen Charakter der Lärchen. Ihr frisches Hellgrün im Frühling und das warme Rotgold im Oktober bestimmen ein heiteres Landschaftsbild. Im Engadin beispielsweise sind die großflächigen Lärchenwälder Resultat bewusster Selektion – nicht zuletzt im Interesse des Tourismus. An Häusern in hohen Lagen dient das Holz seit Jahrhunderten als langlebiger Wetterschirm, rotgoldbraun bis schwarzbraun gebrannt die Sonnseite, silbergrau verwittert die Wetterseite. Die Legende der Nichtbrennbarkeit des Holzes findet sich erstmals in der Schrift des römischen Baumeisters Vitruv, der Baum und Holz nur vom Hörensagen kannte. Nichtsdestoweniger hielt sie sich bis weit ins Mittelalter. Unterschieden werden muss jedoch zwischen dem feinjährigen Holz der Steinlärche und dem grobjährigen der Graslärche, die in tieferen Lagen wächst und weniger dauerhaft ist.

Allgemeines Die Lärche ist ein typischer Baum des Gebirges und eine Mischbaumart. Ihre dicke Borke schützt vor leichtem Steinschlag. Sie gilt als winterfrosthart und wächst wie die Zirbe an der Waldgrenze. Ein höherer Mischungsanteil der Lärche in Bergwäldern und montanen Laub- und Mischwäldern ist ein wichtiger Beitrag zu klimafitten Wäldern und liefert zugleich wertvolles Nadelholz. Allerdings ist zu beachten, dass zur Bewirtschaftung eine aktive Pflege und die Erhaltung einer langen, vitalen Krone von mindestens 50 % der Baumlänge erforderlich ist. In begünstigten Lagen, zum Beispiel als Solitär auf subalpinen Lärchenwiesen, kann die Lärche ein Alter von 800 Jahren und mehr erreichen; als Nutzholz wird sie meist nach 100 bis 140 Jahren geerntet.

Holzcharakteristik Der helle Splint der Lärche ist sehr schmal, der Farbton des Kernholzes variiert stark von Hellbraun (so genannte Graslärche) bis zu einem intensiven Rotbraun. Er dunkelt kräftig nach. Der Frühholz-/Spätholzkontrast innerhalb des Jahrrings ist ausgeprägt, wobei der Spätholzanteil ein Drittel bis die Hälfte der Jahrringbreite betragen kann. Die feinen Harzkanäle sind primär im Spätholz anzutreffen.

Eigenschaften Das Lärchenholz besitzt sehr gute Festigkeitseigenschaften, sie sind jedoch, abhängig vom Standort, stark streuend, entsprechend variiert auch die Dichte von 400 bis 890 kg/m³, im Mittel liegt sie bei 580 kg/m³. Das Holz gilt als mittelhart (Brinellhärte 20 N/mm²) mit einem guten Stehvermögen. Lärchenholz ist gut zu trocknen und zu bearbeiten, bei der Oberflächenbehandlung ist manchmal eine Vorbehandlung mit harzlösenden Mitteln erforderlich. Aufgrund des harten Astholzes und bei unregelmäßigem Faserverlauf besteht die Gefahr des Splitterns und Ausreißens. Vorbohren wird empfohlen, da das Holz leicht spaltet. In der Dauerhaftigkeit gegen Pilze liegt die Lärche in Klasse 3 bis 4 (mäßig bis wenig dauerhaft) und wird wegen der großen Variabilität oft überschätzt. Die Tränkbarkeit im Kern ist sehr schlecht, im Splint mäßig.

Verwendung Lärchenholz wird sowohl im Außen- als auch im Innenbereich verwendet, tragend und nicht tragend. Es wird für hoch beanspruchte Baukonstruktionsteile sowie im Boots-, Brücken-, Erd- und Wasserbau eingesetzt. Im Innenausbau geht der Einsatz von Fenstern und Türen über Fußböden und Verkleidungen (Profilholz) bis in den Möbelbereich. In jüngster Zeit sind Außenverkleidungen aus Lärche sehr beliebt, die, naturbelassen und ungeschützt, nach wenigen Jahren vergrauen.

Ähnliche Hölzer Kiefer, Douglasie

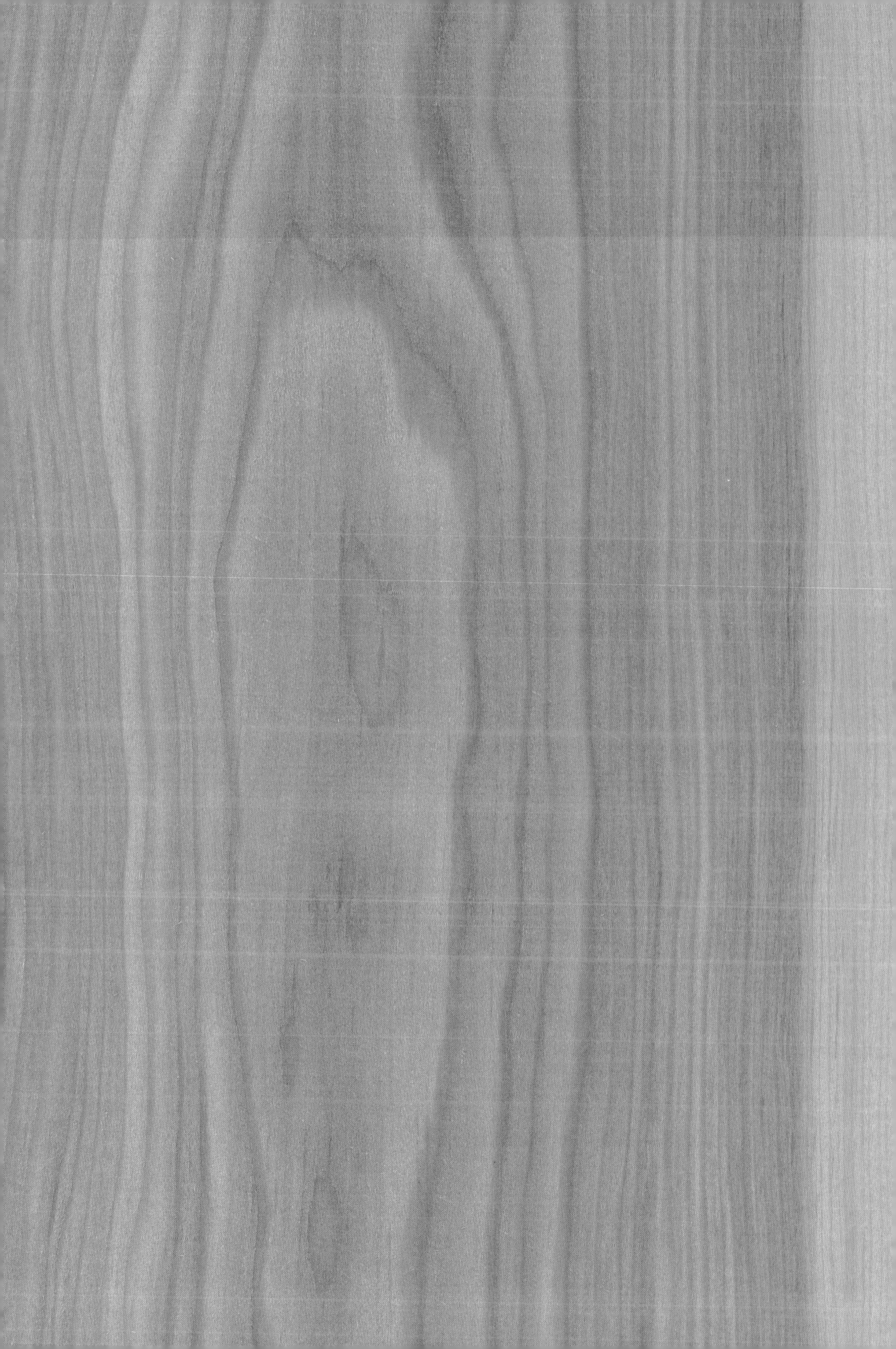

Linde

Weitere Handelsnamen Sommerlinde; Winterlinde
Englisch Lime
Botanischer Name *Tilia platyphyllos* Scop.; *Tilia cordata* Mill.
Kurzzeichen LI (EN-Kurzzeichen: TIXX)

Die Linde wird im Freistand bis zu 35 m hoch, im Bestand bis zu 40 m. Sie hat einen kurzen, astfreien Stamm mit einer großen, schönen Krone. Die Rinde ist zuerst grünlichgrau, später dunkelgrau und dicht mit Längsrissen überzogen. Die Blätter beider Arten sind herzförmig, bei der Sommerlinde sind sie in der Regel größer und haben in den Aderwinkeln weiße Haarbüschel. Bei den Winterlinden sind diese Haarbüschel rostrot. Die Linden entwickeln kleine, kugelige Nussfrüchte, die zu mehreren an einem Flügelblatt sitzen.

Erkennungsmerkmale des Holzes

Farbe Splint und Kern gelbweiß bis rötlichweiß
Querschnitt zerstreutporiges Holz mit sehr undeutlichen Jahrringen
Radialschnitt undeutliche Textur
Tangentialschnitt sehr schwach gefladert
Geruch von manchen Fachleuten als herbsüßlich bezeichnet, allgemein als nicht markant beschrieben
Harte weich

Physikalische Kennwerte

Rohdichte	
Mittelwerte ρ_{12}	522 kg/m³
Grenzwerte ρ_{12}	350 – 625 kg/m³
Schwind- und Quellmaße	
Gesamtschwindmaß	
axial $\beta_{l,max}$	0,3 %
radial $\beta_{r,max}$	5,2 %
tangential $\beta_{t,max}$	9,1 %
Differenzielle Quellung	
radial q_r	0,20 %/%
tangential q_t	0,29 %/%

Mechanische Kennwerte

Elastische Eigenschaften	
Biege-Elastizitätsmodul E_l	9.500 N/mm²
Festigkeitseigenschaften	
Biegefestigkeit f_m	98 N/mm²
Zugfestigkeit $f_{t,0}$	95 N/mm²
Druckfestigkeit $f_{c,0}$	48 N/mm²
Härte	
Brinellhärte HB_0	39 N/mm²
Brinellhärte HB_{90}	16 N/mm²

Sonstige Kennwerte

Wärmeleitfähigkeit λ	0,104 W/mK
Natürliche Dauerhaftigkeit	
Pilze	5, nicht dauerhaft
Hausbockkäfer	n. a.
Anobium	S, nicht dauerhaft
Tränkbarkeit	
Kernholz	1, gut tränkbar
Splintholz	1, gut tränkbar
Farbe	
Farbwert (L*a*b*)	83,3*6,9*25,2*

Kulturgeschichtliches Die Rinde der Linde ist reich an Bastfasern. Im Neolithikum machten die Menschen sogar Kleider daraus, später vor allem Schnüre und Seile. Bis auf den Bast ist alles an diesem Baum weich oder eben lind: das Holz, der Blütenduft, die Blatt- und die Baumform. Als Zentrum von Geselligkeit, für Tanz und Versammlungen dienten mächtige Einzelbäume in den Ortschaften. Oft befand sich der Tanzboden sogar im Geäst des gestuft gezogenen Baums. Im Baumschatten einer Linde wurde vielerorts öffentlich Recht gesprochen. Unter dem „linden" Baum erwartete sich das Volk gerechte und zugleich verständnisvolle Urteile. Eine Linde verdunstet an einem heißen Sommertag über seine Blätter eine enorme Menge an Wasser, wodurch sich in ihrem Schatten ein besonderer Kühlungseffekt ergibt.

Allgemeines Die beiden Lindenarten sind in ihren Baummerkmalen sehr ähnlich, in ihren Holzmerkmalen praktisch nicht unterscheidbar. Als Waldbaum in Mischwäldern ist meist die Winterlinde zu finden, bei den charakteristischen Dorflinden hingegen meist die Sommerlinden, die als Park- und Alleebaum verbreitet sind. Als schattentolerante Mischbaumart eignet sich die Winterlinde für Mischungen mit der Eiche, da sie durch ihre schattenspendende Krone das Bestandsklima positiv beeinflusst. Die Linde kommt verstreut praktisch in ganz Europa bis zu einer Höhe von 1.500 m vor. Linden können ein Alter von 1.000 Jahren erreichen und beeindrucken durch ihre schönen Wuchsformen. Im Einzelfall erreichen sie Stammdurchmesser von mehreren Metern.

Holzcharakteristik Das hellfarbige Reifholz der Linde weist gelegentlich grünliche Farbzonen auf. Es verfügt über einen leichten Seidenglanz, ist aber sonst wenig dekorativ und sehr einheitlich. Die feinen, zahlreichen Poren sind für das bloße Auge unkenntlich über den ganzen Jahrring gleichmäßig verstreut.

Eigenschaften Das weiche Lindenholz (Brinellhärte 16 N/mm²) zählt mit einer Darrdichte von 500 kg/m³ zu den mittelschweren Hölzern. Aufgrund seiner gleichmäßigen und feinen Struktur lässt es sich mit allen Werkzeugen gut bearbeiten. Es lässt sich gut beizen und lackieren, bei Kontakt mit Metallen sind Verfärbungen möglich. Die Trocknung ist unproblematisch. Lindenholz ist sehr anfällig für Pilze und Insekten (Dauerhaftigkeitsklasse 5). Die Tränkbarkeit ist gut.

Verwendung Lindenholz ist die wichtigste Holzart für Schnitzarbeiten und Bildhauerei. Im Mittelalter war es als „lignum sacrum" (heiliges Holz) bekannt, da die sakralen Kunstwerke bevorzugt aus Lindenholz gefertigt wurden. Weitere Verwendungen sind Spielwaren, Prothesen, Bilderrahmen, diverse Haushaltsgeräte und Holzschuhe.

Ähnliche Hölzer Pappel, Weide

Nussbaum

Weiterer Handelsname Walnuss
Englisch Common walnut
Botanischer Name *Juglans regia* L.
Kurzzeichen NB (EN-Kurzzeichen: JGRG)

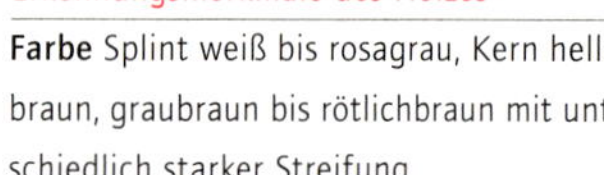

Der Nussbaum erreicht freistehend Höhen bis zu 30 m, mit einer breit ausladenden Krone. Die Rinde ist in der Jugend grau und glatt, später dunkler und leicht längsrissig. Die Blätter sind unpaarig gefiedert, die Fiederblätter sind groß, ganzrandig und zugespitzt. Die Walnüsse sitzen in einer grünen Fruchtschale, die zur Fruchtreife braun wird und aufplatzt.

Erkennungsmerkmale des Holzes

Farbe Splint weiß bis rosagrau, Kern hellbraun, graubraun bis rötlichbraun mit unterschiedlich starker Streifung
Querschnitt Jahrringgrenzen durch die etwas größeren Porendurchmesser im Frühholz meist erkennbar
Radialschnitt schlicht oder gestreift, fein nadelrissig
Tangentialschnitt zarte Fladerung, fein nadelrissig
Geruch trocken nicht markant, feucht unangenehm
Härte hart

Physikalische Kennwerte

Rohdichte	
Mittelwerte ρ_{12}	641 kg/m³
Grenzwerte ρ_{12}	450 – 820 kg/m³
Schwind- und Quellmaße	
Gesamtschwindmaß	
axial $\beta_{l,max}$	0,5 %
radial $\beta_{r,max}$	4,6 %
tangential $\beta_{t,max}$	7,2 %
Differenzielle Quellung	
radial q_r	0,20 %/%
tangential q_t	0,28 %/%

Mechanische Kennwerte

Elastische Eigenschaften	
Biege-Elastizitätsmodul E_l	12.200 N/mm²
Festigkeitseigenschaften	
Biegefestigkeit f_m	120 N/mm²
Zugfestigkeit $f_{t,0}$	105 N/mm²
Druckfestigkeit $f_{c,0}$	64 N/mm²
Härte	
Brinellhärte HB_0	62 N/mm²
Brinellhärte HB_{90}	31 N/mm²

Sonstige Kennwerte

Wärmeleitfähigkeit λ	0,156 W/mK
Gleichgew.-Feuchte ω_{37} (20°/37 %)	6,7 %
Gleichgew.-Feuchte ω_{83} (20°/83 %)	14,8 %
Natürliche Dauerhaftigkeit	
Pilze	3, mäßig dauerhaft
Hausbockkäfer	D, dauerhaft
Anobium	S, nicht dauerhaft
Tränkbarkeit	
Kernholz	3, schwer tränkbar
Splintholz	1, gut tränkbar
Farbe	
Farbwert (L*a*b*)	57,4*10,9*24,7

Kulturgeschichtliches Wenn die Nussbäume im Juni prall voller grünschaliger Nüsse hängen, glaubt der Volksmund noch heute, dass „ein Bubenjahr" anstehe und mehr Buben als Mädchen geboren würden. Gewiss ist allerdings, dass der Baum Mücken und Fliegen fernhält, weshalb er als zeichenhafter Hofbaum wie auch als Schattenspender im Heurigengarten doppelt geschätzt wird. Ebenso schützen Kästen und Truhen aus dem gerbstoffreichen Holz den Inhalt vor Motten. Allerdings fordert das wertvolle und wegen Farbe und Zeichnung attraktive Holz eine ebenso hochwertige Gestaltung und gediegene Ausführung, sonst wäre es schade um das Material.

Allgemeines Der europäische Walnussbaum wurde in römischer Zeit in den Mittelmeerländern als Fruchtbaum verbreitet und gelangte so auch zu uns. Heimisch ist er in Weinbaugebieten als Flurholz. Er steht in Gärten, an Wegrändern und ist auch ein beliebter Hofbaum. Als Waldbaum kommt er bei uns nur selten vor und ist vor allem am Waldrand und an Lichtungen zu finden. Er verträgt keinen engen Bestand und bildet eine breite, tief angesetzte Krone aus. Der astfreie Stammteil ist meist kurz und benötigt, um Wertholz zu erzeugen, frühzeitig intensive Pflege. Der größte Teil des Inlandsbedarfs an Nussbaumholz stammt, sofern nicht aus Nordamerika eingeführte Schwarznuss (*Juglans nigra* L.) verwendet wird, aus anderen europäischen Ländern. Nussbäume sind nicht besonders langlebig, sie erreichen lediglich ein Alter von 120 bis maximal 150 Jahren.

Holzcharakteristik Nussbaumholz wird als halbringporig bezeichnet. Die Poren sind zwar über den Jahrring verstreut angeordnet, sind aber so groß (im Frühholz größer als im Spätholz), dass sie mit bloßem Auge vor allem an den Längsschnitten gut erkennbar sind. Die Farbstreifen im braunen Grundfarbton des Kernholzes sind unterschiedlich stark, oft fast schwarz. Unter starker Lichteinwirkung tritt aber schnell eine Minderung dieser Farbstreifigkeit ein. Die frühere Unterscheidung im Farbton nach der Herkunft (Deutsche, Französische, Kaukasische Nuss) ist heute im Furnierhandel praktisch nicht mehr üblich.

Eigenschaften Nussholz gilt als mittelschwer bis schwer (Darrdichte 593 kg/m³), in der Härte gibt es in mancher Literatur irreführend hohe Werte, sie liegt bei 31 N/mm². Das Holz lässt sich gut, wenn auch nur langsam trocknen. Es ist sehr gut zu bearbeiten, zu beizen und polieren. Beim Verleimen können durch Alkalien in den Leimen Gerbsäureflecken entstehen. Bei Kontakt mit Eisen entsteht eine blauschwarze Färbung und es kommt zu ausgeprägter Korrosion. In der natürlichen Dauerhaftigkeit liegt Nussholz im Mittelfeld, Klasse 3, die Anfälligkeit auf tierische Schädlinge ist Besitzern alter Nussholzmöbel zu ihrem Leidwesen bekannt. Prinzipiell ist Nussbaumholz schlecht zu imprägnieren.

Verwendung Seit Jahrhunderten gehört Nussbaumholz zu den gesuchtesten Hölzern für die Verarbeitung zu Möbeln und zum Sägen oder Messern von Furnieren. Das Holz des Walnussbaums ist daher auch teurer als das der meisten anderen heimischen Edelhölzer. Außer für Möbel und im Innenausbau (Wand und Deckenverkleidungen) wird Nussholz für Drechslerwaren, Musikinstrumente und Gewehrschäfte verwendet. Exklusiv ist die Innenausstattung von Luxusautos mit Maserfurnier, etwa für Armaturenbretter.

61 Nuss 62 Französische Nuss 63 Masernuss

Pappel | Aspe

Weitere Handelsnamen Schwarzpappel; Weiß-, Silberpappel | Zitterpappel, Espe
Englisch Black and White poplar | Aspen
Botanischer Name *Populus nigra* L.; *Populus alba* L. | *Populus tremula* L.
Kurzzeichen PA | AS (EN-Kurzzeichen: PONG | POTL)

Von den heimischen Pappelarten erreicht die Weißpappel mit 40 m die größten Höhen. Die Kronenformen sind sehr unterschiedlich. Die Rinde der Schwarzpappel ist zuerst glatt, aschgrau und geht in eine braunschwarze, tiefrissige Borke über. Bei der Weißpappel ist sie in der Jugend weißgrau und später auch dunkel. Die Aspe hat anfangs eine glänzende, grüngelbliche Rinde, die dann dunkelgrau wird. Die Blätter sind dreieckig bis rautenförmig. Die Blattstiele sind seitlich zusammengedrückt, dadurch werden sie leicht vom Wind bewegt. Besonders auffällig ist dies bei den längerstieligen Aspen („zittern wie Espenlaub"). Die kleinen Kapseln an den hängenden Fruchtständen entlassen zur Fruchtreife die winzigen Samen, die wegen ihres Haarschopfes, der Samenwolle, nicht zu übersehen sind.

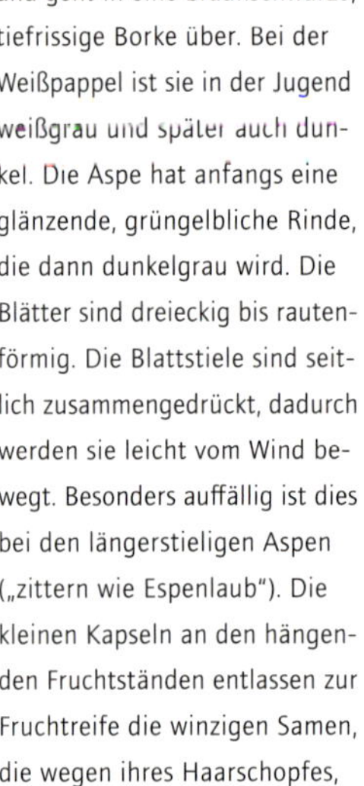

Erkennungsmerkmale des Holzes

Farbe Aspe hat keinen Farbkern und ist durchgehend weiß bis graugelb, die anderen Arten haben einen weißen bis rahmgelben Splint und einen gelbrötlichen bis grünbraunen Kern
Querschnitt deutlich erkennbare, meist breite Jahrringe, zerstreutporig
Radialschnitt schlichte Textur, fein nadelrissig
Tangentialschnitt fein nadelrissig
Geruch frisch geschnitten säuerlich, sonst nicht markant
Härte weich

Physikalische Kennwerte

Rohdichte	
Mittelwerte ρ_{12}	451 | 474 kg/m³
Grenzwerte ρ_{12}	350 – 590 | 350 – 615 kg/m³
Schwind- und Quellmaße	
Gesamtschwindmaß	
axial $\beta_{l,max}$	0,3 % | –
radial $\beta_{r,max}$	4,0 | 3,3 %
tangential $\beta_{t,max}$	8,9 | 8,4 %
Differenzielle Quellung	
radial q_r	0,15 | 0,13 %/%
tangential q_t	0,30 | 0,27 %/%

Mechanische Kennwerte

Elastische Eigenschaften	
Biege-Elastizitätsmodul E_l	9.000 | 8.700 N/mm²
Festigkeitseigenschaften	
Biegefestigkeit f_m	64 | 67 N/mm²
Zugfestigkeit $f_{t,0}$	77 | 77 N/mm²
Druckfestigkeit $f_{c,0}$	36 | 37 N/mm²
Härte	
Brinellhärte HB_0	30 | 24 N/mm²
Brinellhärte HB_{90}	13 | 13 N/mm²

Sonstige Kennwerte

Wärmeleitfähigkeit λ	0,113 | 0,150 W/mK
Gleichgew.-Feuchte ω_{37} (20°/37 %)	7,1 % | –
Gleichgew.-Feuchte ω_{83} (20°/83 %)	16,7 % | –
Natürliche Dauerhaftigkeit	
Pilze	5, nicht dauerhaft | –
Hausbockkäfer	S, nicht dauerhaft | –
Anobium	S, nicht dauerhaft | –
Tränkbarkeit	
Kernholz	3v, schwer tränkbar, hohe Variabilität | –
Splintholz	1v, gut tränkbar, hohe Variabilität | –
Farbe	
Farbwert (L*a*b*)	88,7*5,3*23,0* | –

Angaben für Pappel | Angaben für Aspe

Kulturgeschichtliches Als ihr Hades, der Gott der Unterwelt, nachstellte, verwandelte sich die Nymphe Leuke flugs in eine Silberpappel. Nun stehen diese Bäume an der Schwelle zur Unterwelt, am Ufer des Flusses der Erinnerung. Sie finden sich aber auch im Wiener Prater. In Hungerwintern wurde früher die innere Rinde von Pappeln als Nahrung roh gekaut. Als ideales Material diente das zähe und leichte Holz zur Herstellung von Holzschuhen – ob als holländische Klompen, norddeutsche Pantinen oder italienische Zoccoli. Aus nämlichen Gründen verlegte man es im 19. Jahrhundert als Verschleißschicht auf der Fahrbahn von Kettenbrücken.

Allgemeines Von allen heimischen Baumarten sind die Pappeln die schnellwüchsigsten. Neben den drei heimischen Arten, der Schwarz-, Weiß- und Zitterpappel, gibt es zahlreiche Zuchtformen und Kultursorten. So ist beispielsweise die Graupappel eine natürlich auftretende Kreuzung aus Aspe und Weißpappel. Dagegen ist die Säulen- oder Pyramidenpappel eine besondere Wuchsform der Schwarzpappel und wurde bereits vor einigen hundert Jahren kultiviert. Sie ist nur vegetativ vermehrbar. Aus den Anbauten der Zuchtformen stammt der überwiegende Teil des Pappelnutzholzes. Pappeln haben bereits im Alter von 30 bis 50 Jahren nutzholztaugliche Dimensionen. Das Höchstalter liegt bei der Aspe bei 100 Jahren, Schwarz- und Weißpappel können jedoch bis zu 400 Jahre alt werden. Diese Pappelarten wachsen vorwiegend auf feuchten, nährstoffreichen Waldböden in Auwäldern. Die Espe hingegen besetzt ein viel breiteres Standortspektrum und kommt als Vorwald bis in Seehöhen von 1.800 m vor.

Holzcharakteristik Die Grenzen der meist sehr breiten Jahrringe sind durch ein schmales, dichteres Spätholzband markiert. Die Anzahl und Größe der Poren ändert sich innerhalb eines Jahrrings kaum, sodass Früh- und Spätholz nicht zu unterscheiden sind. Es ist ein sehr homogenes Holz mit wenig Textur. An Längsschnitten sind die Poren als feine Nadelrisse erkennbar.

Eigenschaften Die Aspe ist mit einer Darrdichte von 453 kg/m³ das schwerste Pappelholz, die anderen gehören zu den leichtesten heimischen Holzarten (Darrdichte 438 kg/m³). Das Holz ist sehr weich (Brinellhärte 13 N/mm²), aber zäh. Pappelholz ist befriedigend bis gut zu trocknen. Die Bearbeitbarkeit ist gut, wegen des häufigen Reaktionsholzanteils entsteht aber beim Hobeln oft eine wollige Oberfläche. Es ist gut beiz- und lackierbar, jedoch schlecht polierbar. Das Holz ist sehr anfällig für Pilze und Insekten (Dauerhaftigkeitsklasse 5). Die Tränkbarkeit ist schlecht, nur im Splint gut.

Verwendung Ein typischer Einsatzbereich für Pappelholz ist die Herstellung von Zündhölzern und Verpackungen (Obstkisten, Spankörbe, Paletten usw.). Von den Stämmen werden Schälfurniere gemessert und anschließend in entsprechend breite Streifen und Größen zugeschnitten. Ein Teil des Pappelholzes gelangt in die Sperrholzproduktion, das meiste dient als Industrieholz der Zellstofferzeugung und der Spanplattenindustrie. Die Maserstämme, besonders jene der Schwarzpappel, werden zu begehrten Edelfurnieren verarbeitet. Der Einsatz als Konstruktionsholz ist grundsätzlich möglich.

Ähnliche Hölzer Linde, Weide

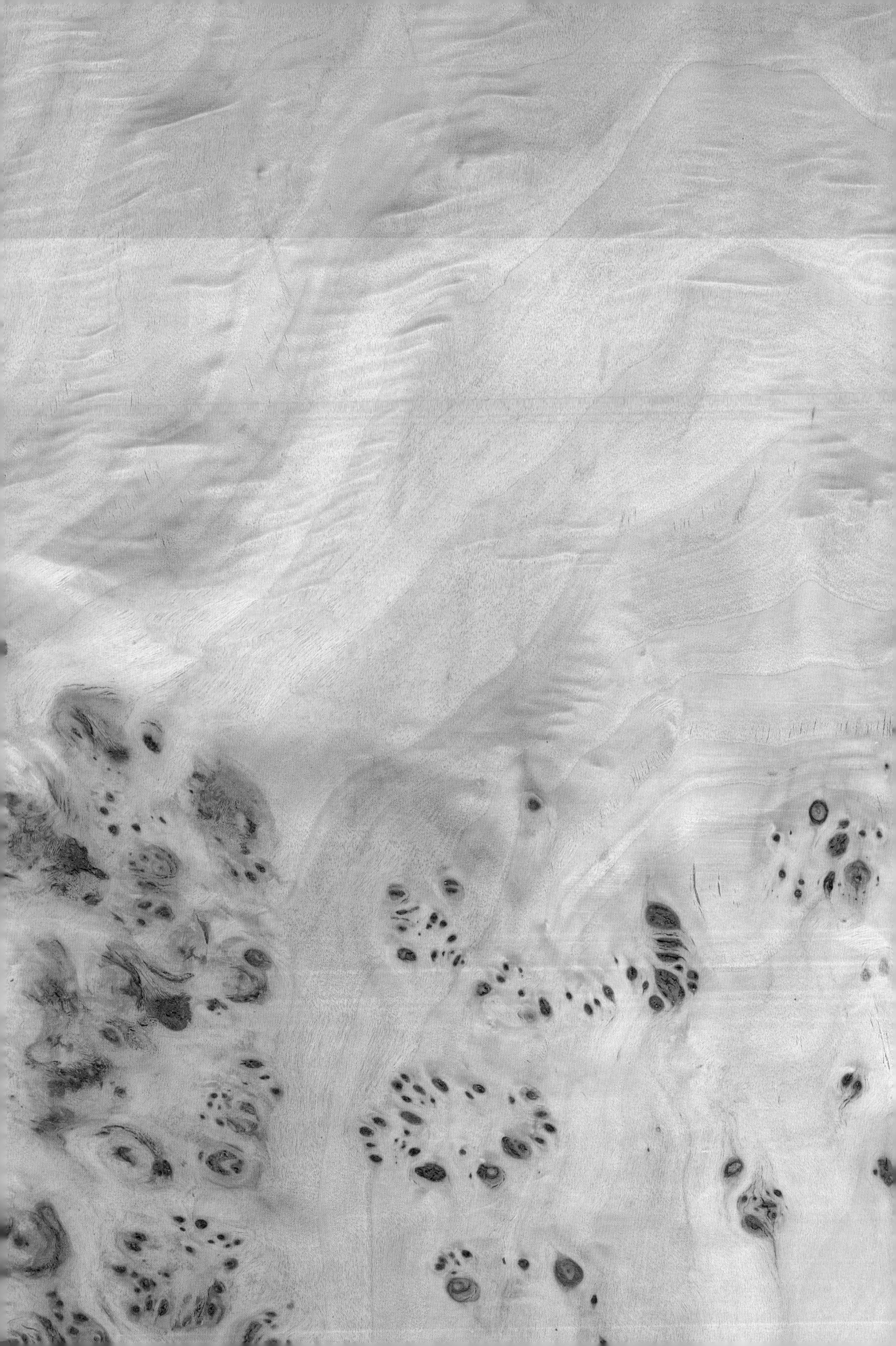

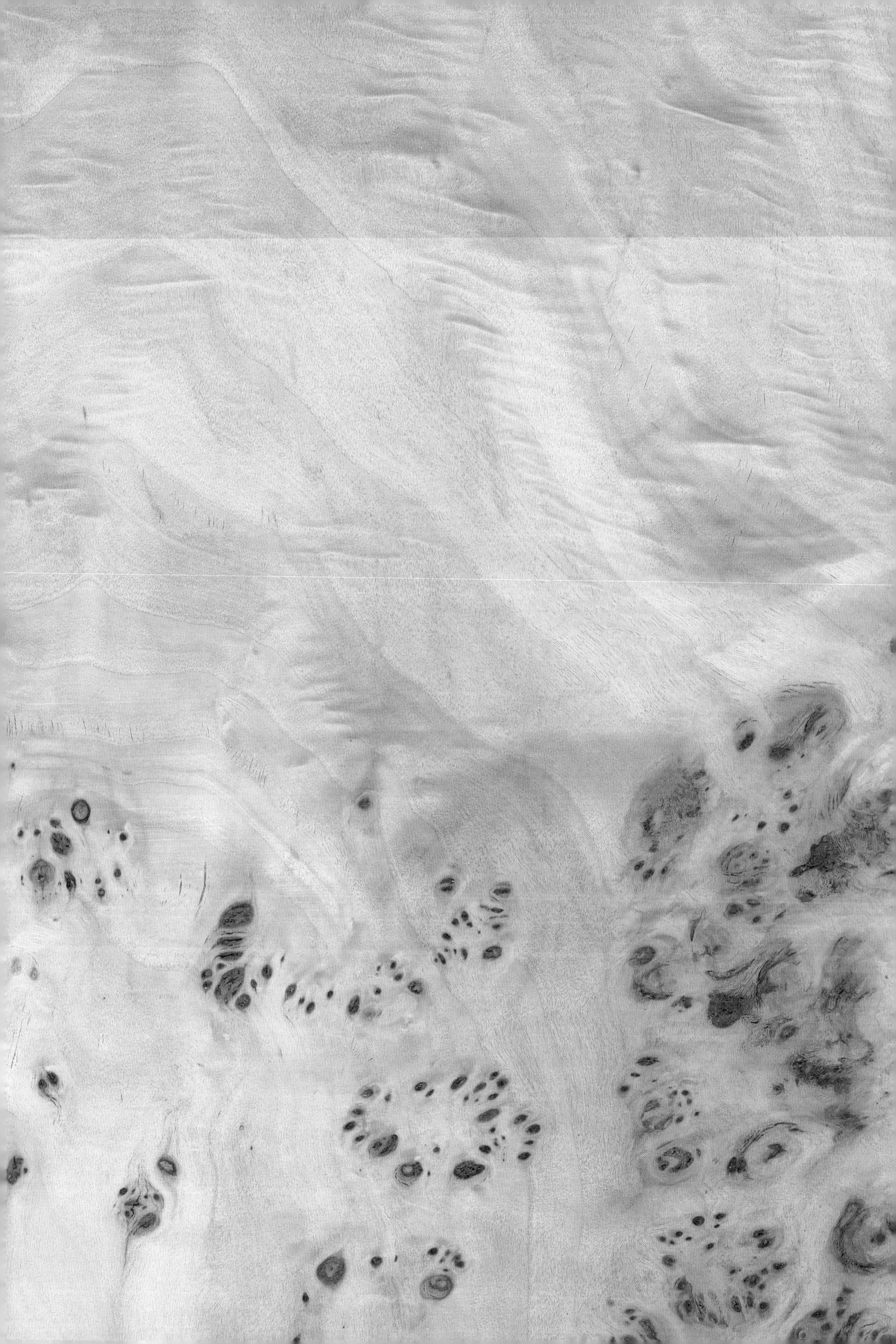

Platane

Weiterer Handelsname Ahornblättrige Platane
Englisch European plane, London plane
Botanischer Name *Platanus x acerifolia*
Kurzzeichen PL (EN-Kurzzeichen: PLXH)

Junge Platanen haben (im Freistand) eine regelmäßige, fast dreieckige Krone, die später sehr weit ausladend wird. Die Platane fällt besonders durch ihre Borke auf, bei der sich im Alter große, graue, unregelmäßige Platten ablösen. Das gibt dem Baum ein interessantes Aussehen. Platanenblätter sind unterseitig auf den Adern und in den Achseln behaart, sehr groß und handförmig gelappt. Die kugeligen Fruchtstände hängen einzeln, zu zweit oder dritt. Die Früchte sind Nüsse.

Erkennungsmerkmale des Holzes

Farbe Splint weißlich bis schwach rötlich, Kern rötlichgrau bis braun; frisch gedämpft weinrot
Querschnitt zerstreutporig, Jahrringgrenzen erkennbar und am Schnittpunkt mit den Holzstrahlen oft eingekerbt
Radialschnitt schöne, deutliche Spiegel
Tangentialschnitt feine, braune Strichelung durch die Holzstrahlen
Geruch frisch auffallend
Härte mittelhart

Physikalische Kennwerte

Rohdichte	
Mittelwerte ρ_{12}	600 kg/m³
Grenzwerte ρ_{12}	–
Schwind- und Quellmaße	
Gesamtschwindmaß	
axial $\beta_{l,max}$	–
radial $\beta_{r,max}$	4,5 %
tangential $\beta_{t,max}$	8,7 %
Differenzielle Quellung	
radial q_r	0,17 %/%
tangential q_t	0,29 %/%

Mechanische Kennwerte

Elastische Eigenschaften	
Biege-Elastizitätsmodul E_l	10.500 N/mm²
Festigkeitseigenschaften	
Biegefestigkeit f_m	99 N/mm²
Zugfestigkeit $f_{t,0}$	98 N/mm²
Druckfestigkeit $f_{c,0}$	46 N/mm²

Kulturgeschichtliches Den Griechen galt die Zeus gewidmete Platane (*P. orientalis*) als heilig, und vielerorts diente sie als Dorfbaum, ähnlich der Linde in Mitteleuropa oder der Ulme in Frankreich. Wegen ihres dichten Blätterdachs suchten Philosophen sie gern zum Unterrichten auf. Im 19. Jahrhundert wurden die schnellwüchsigen Bäume hingegen an die Landstraßen gepflanzt, um Fuhrpferde und Kutschen zu beschatten. Wuchskraft und guter Wundverschluss machen den Baum heute zum idealen Partner für lebende Baumskulpturen von oft skurrilen Formen. Leider kommt die Platane durch eine sich von Frankreich ausbreitende Pilzkrankheit, den Platanenkrebs, zunehmend unter Druck.

Allgemeines Die in Europa am häufigsten gepflanzte Platanenart ist die Ahornblättrige Platane (*P. x acerifolia*). Sie entstand um 1650 durch Kreuzung (daher das x im Namen) der Amerikanischen (*P. occidentalis*) mit der Morgenländischen Platane (*P. orientalis*) und erwies sich als robust und relativ schadstoffresistent. Im Gegensatz zur Morgenländischen Platane, die vor allem im östlichen Mittelmeer beheimatet ist, ist diese Kreuzung auch frosthart und konnte sich so in vielen europäischen Städten als Park- und Alleebaum etablieren. Obwohl die Platane häufig als Straßenbaum gepflanzt wird, muss sie, wegen ihrer ausladenden Krone und daher Anfälligkeit gegenüber Windbruch, regelmäßig zurückgeschnitten werden. Dafür sind alte, frei wachsende Exemplare mit ihren kräftigen, weit in den Raum ragenden Ästen wahrhaft majestätische Erscheinungen und werden bis zu 1.000 Jahre alt. Am berühmtesten ist das Baumheiligtum Plataniotissa bei Kalavrita in Griechenland. Dieser Baum, eine Morgenländische Platane, steht nach einer Legende seit 352 n. Chr. an dem Ort und weist einen Umfang von 23 m auf.

Holzcharakteristik Die Platane bildet einen Farbkern, der durch Dämpfen einen rötlichbraunen Ton annimmt. Das Holz ist zerstreutporig und in dieser Gruppe die zweite Holzart, die unübersehbar große Holzstrahlen aufweist. Im Querschnitt fällt bei der Platane (ähnlich der Rotbuche) an der Jahrringgrenze eine Verbreiterung dieser Holzstrahlen auf. Besonders geschätzt ist daher der Radialschnitt, der von diesen über einen Zentimeter hohen Holzstrahlen dominiert wird, die als große, glänzende Spiegel auftreten.

Eigenschaften Das Holz der Platane ist mittelschwer (Darrdichte 600 kg/m³) und mittelhart (lt. Lit. HB_{90} 16 – 25 N/mm²). Es gilt als schwer spaltbar. Das Stehvermögen ist nicht besonders gut, was vor allem beim Trocknen zu Verwerfungen und Rissen führt. Die Platane ist teils nicht ganz einfach, teils befriedigend bearbeitbar, hingegen ist die Oberflächenbehandlung leicht durchführbar. Das Holz lässt sich gut mattieren und polieren und verfügt über eine typische, lederähnliche Textur. Allerdings ist es weder witterungsfest noch dauerhaft.

Verwendung Platanenholz findet man hauptsächlich im Innenausbau, als Furnier- und Möbelholz, wobei die Spiegelschnittflächen am meisten gefragt sind. In der Literatur finden sich Hinweise auf eine Verarbeitung zu Verpackungen, etwa Steigen für Lebensmittel, zu Werkzeugstielen und Sportgeräten.

Robinie

Weiterer Handelsname (Falsche) Akazie
Englisch Black locust
Botanischer Name *Robinia pseudoacacia* L.
Kurzzeichen RO (EN-Kurzzeichen: ROPS)

Der Baum wird bis zu 25 m hoch, die Krone ist locker und unregelmäßig. Die Rinde trägt schon frühzeitig eine tief längsrissige und netzartige graubraune Borke. Die Blätter sind unpaarig gefiedert mit kleinen, eirunden und ganzrandigen Fiederblättchen. Die jungen Zweige tragen Dornen. In den hängenden ledrigen Fruchthülsen sitzen jeweils 4 bis 10 kleine, harte Samen.

Erkennungsmerkmale des Holzes

Farbe Splint gelb bis grünlichweiß, Kern gelbgrün bis gelbbraun und golddunkelbraun nachdunkelnd
Querschnitt ringporiges Holz, die ziemlich großen Frühholzporen verthyllt und weiß erscheinend
Radialschnitt deutliche Streifentextur mit leichter Spiegelzeichnung, nadelrissig
Tangentialschnitt Fladerzeichnung, nadelrissig
Geruch in frischem Zustand unangenehmer, gerbsäureartiger Geruch, der dann verschwindet
Härte hart

Physikalische Kennwerte

Rohdichte	
Mittelwerte ρ_{12}	775 kg/m³
Grenzwerte ρ_{12}	540 – 900 kg/m³
Schwind- und Quellmaße	
Gesamtschwindmaß	
axial $\beta_{l,max}$	0,1 %
radial $\beta_{r,max}$	4,6 %
tangential $\beta_{t,max}$	7,1 %
Differenzielle Quellung	
radial q_r	0,23 %/%
tangential q_t	0,35 %/%

Mechanische Kennwerte

Elastische Eigenschaften	
Biege-Elastizitätsmodul E_l	12.900 N/mm²
Festigkeitseigenschaften	
Biegefestigkeit f_m	137 N/mm²
Zugfestigkeit $f_{t,0}$	140 N/mm²
Druckfestigkeit $f_{c,0}$	72 N/mm²
Härte	
Brinellhärte HB_0	75 N/mm²
Brinellhärte HB_{90}	41 N/mm²

Sonstige Kennwerte

Wärmeleitfähigkeit λ	0,170 W/mK
Gleichgew.-Feuchte ω_{37} (20°/37 %)	7,3 %
Gleichgew.-Feuchte ω_{83} (20°/83 %)	14,8 %
Natürliche Dauerhaftigkeit	
Pilze	1 bis 2, sehr dauerhaft bis dauerhaft
Hausbockkäfer	D, dauerhaft
Anobium	D, dauerhaft
Tränkbarkeit	
Kernholz	4, sehr schwer tränkbar
Splintholz	1, gut tränkbar
Farbe	
Farbwert (L*a*b*)	60,3*13,3*37,4*

Kulturgeschichtliches Auch wenn ihre Samen bereits 1601 nach Europa gelangten, wird die Robinie erst ab 1800 als Nutzholzbaum wahrgenommen, obwohl die kurze Umtriebszeit forstwirtschaftlich interessant gewesen wäre. Bezüglich Einführungszeit ist sie daher durchaus Erdapfel und Paradeiser vergleichbar. Seither war die Zeit zu knapp, als dass sich Wissen und Erfahrung über das technisch äußerst leistungsfähige Holz vor der industriellen Revolution noch hätten ausbreiten können. Unter Gestaltern gilt das lebendig grünbraune Holz daher noch immer als Geheimtipp. In Südosteuropa dienen Fässer aus Robinienholz der Lagerung von Edelbränden und in Modena spielen sie eine wichtige Rolle bei der Erzeugung von „Aceto balsamico tradizionale". In manchen Regionen ist auch der aus der Robinienblüte stammende Honig – fälschlicherweise Akazienhonig genannt – sehr beliebt.

Allgemeines Die Robinie, oft fälschlich Akazie genannt, stammt aus Nordamerika. Vor etwa 400 Jahren wurde sie vom königlichen Hofgärtner Vespasien Robin in Frankreich kultiviert. Heute ist sie in weiten Teilen Europas verbreitet, meist als Park- und Alleebaum, in Ungarn auch in plantagenartigen Waldformationen. Robinien wachsen anfangs sehr schnell und haben bereits im Alter von 40 bis 50 Jahren nutzholztaugliche Dimensionen. Sie werden meist nicht älter als 100 bis 200 Jahre. Obwohl ihr Potenzial im Klimawandel aufgrund der geringen Standortansprüche steigt, kann die Robinie nicht uneingeschränkt empfohlen werden. Sie hat eine hohe Ausbreitungsfähigkeit. Durch Wurzelbrut und Samen sowie ihre Fähigkeit, mittels Symbiose mit Knöllchenbakterien Stickstoff aus der Luft im Boden anzureichern, kann sie gefährdete Lebensräume wie Trocken- und Halbtrockenrasen unterwandern und stark verändern.

Holzcharakteristik Die Farbe des Robinienholzes variiert stark und wird manchmal durch Dämpfen ausgeglichen, dabei erhält das Holz einen dunkelbraunen Farbton. Die großen ringförmig angeordneten Frühholzporen sind beidseitig in helles Axialparenchym eingebettet und ergeben einen ausgeprägten Frühholzring. Auch die Spätholzgefäße sind von Parenchym umgeben und zeigen kurze, helle, tangentiale Bänder. Die intensive Verthyllung der Poren verstärkt dies.

Eigenschaften Robinienholz gehört zu den schwersten (Darrdichte 737 kg/m³) und härtesten heimischen Holzarten (Brinellhärte 41 N/mm²). Es ist zäh, biegsam, elastisch und in vielen technischen Eigenschaften selbst dem Eichenholz überlegen. Robinie ist schwierig zu trocknen. Das Holz neigt, bedingt durch Faserabweichungen und Wuchsspannungen, zum Werfen und Reißen. Durch eine der technischen Trocknung vorhergehende Freilufttrocknung sowie durch das Abdichten der Hirnenden lassen sich jedoch gute Trocknungsergebnisse erzielen. Wegen der starken Verthyllung ist die Verleimung schwierig. Das schwere und harte Holz lässt sich bei Geradfaserigkeit mit allen Hand- und Maschinenwerkzeugen gut bearbeiten; beim Nageln und Schrauben sollte vorgebohrt werden. Gegen das Einatmen von Holzstaub sind Schutzmaßnahmen angezeigt. Die Verwendung von Lacken, Beizen, Flüssigwachsen und Mattierungen auf Robinie ist im Innenbereich problemlos. Neben seinem Aussehen wird Robinienholz vor allem wegen seiner hohen Dauerhaftigkeit (Klasse 1 oder 2) geschätzt. Drehwuchsbedingte Formänderungen können bei Außenbauten zu Problemen führen. Die Imprägnierbarkeit des Kernholzes ist aufgrund der Verthyllung sehr schlecht, aber wegen seiner Dauerhaftigkeit auch nicht nötig.

Verwendung Robinienholz ist besonders geeignet im Außenbau mit Erdkontakt. Dazu zählen Rebpfähle aus Robinie, Spielplatzeinrichtungen und Hangbefestigungen. Anwendungen im Innenbereich sind Parkett, Fenster, Haustüren sowie verleimte Kanteln für den Wintergartenbau. Weitere Verwendungen sind Fässer sowie Brennholz von hohem Heizwert.

Ähnliches Holz Ulme

70 – 71

71 Robinie 72 Robinie gedämpft

Tanne

Weitere Handelsnamen Weiß-, Silber-, Edeltanne
Englisch Silver fir
Botanischer Name *Abies alba* Mill.
Kurzzeichen TA (EN-Kurzzeichen: ABAL)

Die Tanne ist eine Schattholzbaumart und erreicht eine Höhe von 65 m. Die Rinde ist weißlich silbergrau und löst sich in eckigen Borkenschuppen vom Stamm ab. Tannennadeln sind flach und an der Spitze eingekerbt, an den Unterseiten befinden sich zwei weißliche Längsstreifen (Wachsstreifen). Die Zapfen stehen aufrecht auf den Zweigen und zerfallen am Baum bei der Samenfreigabe, zurück bleibt eine leere Spindel.

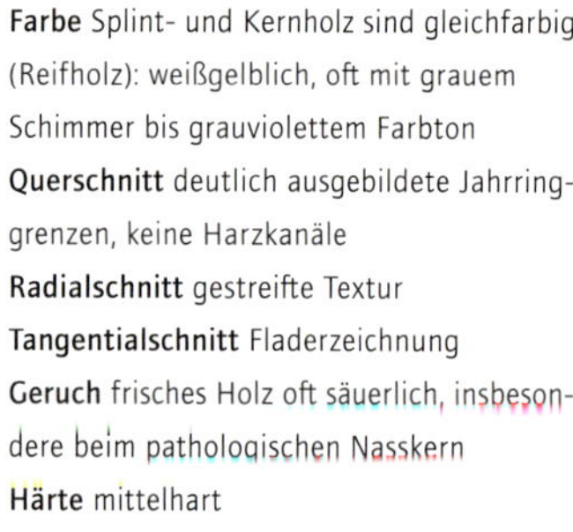

Erkennungsmerkmale des Holzes

Farbe Splint- und Kernholz sind gleichfarbig (Reifholz): weißgelblich, oft mit grauem Schimmer bis grauviolettem Farbton
Querschnitt deutlich ausgebildete Jahrringgrenzen, keine Harzkanäle
Radialschnitt gestreifte Textur
Tangentialschnitt Fladerzeichnung
Geruch frisches Holz oft säuerlich, insbesondere beim pathologischen Nasskern
Härte mittelhart

Physikalische Kennwerte

Rohdichte	
Mittelwerte ρ_{12}	449 kg/m³
Grenzwerte ρ_{12}	310 – 780 kg/m³
Schwind- und Quellmaße	
Gesamtschwindmaß	
axial $\beta_{l,max}$	0,1 %
radial $\beta_{r,max}$	3,8 %
tangential $\beta_{t,max}$	7,9 %
Differenzielle Quellung	
radial q_r	0,15 %/%
tangential q_t	0,34 %/%

Mechanische Kennwerte

Elastische Eigenschaften	
Biege-Elastizitätsmodul E_l	11.100 N/mm²
Festigkeitseigenschaften	
Biegefestigkeit f_m	74 N/mm²
Zugfestigkeit $f_{t,0}$	90 N/mm²
Druckfestigkeit $f_{c,0}$	46 N/mm²
Härte	
Brinellhärte HB_0	31 N/mm²
Brinellhärte HB_{90}	15 N/mm²

Sonstige Kennwerte

Wärmeleitfähigkeit λ	0,109 W/mK
Gleichgew.-Feuchte ω_{37} (20°/37 %)	7,0 %
Gleichgew.-Feuchte ω_{83} (20°/83 %)	16,9 %
Natürliche Dauerhaftigkeit	
Pilze	4, wenig dauerhaft
Hausbockkäfer	S, nicht dauerhaft
Anobium	S, nicht dauerhaft
Tränkbarkeit	
Kernholz	2 bis 3, mäßig bis schwer tränkbar
Splintholz	2v, mäßig tränkbar, hohe Variabilität
Farbe	
Farbwert (L*a*b*)	82,2*7,7*27,9*

Kulturgeschichtliches Da Tannenholz leicht zu spalten ist, nutzten es die Menschen im Neolithikum zum Erzeugen von Brettern, etwa für Türblätter usw., obwohl Sägen noch fehlten. Für den Bau immer gleicher Einbäume am Mondsee, eine 4.000 Jahre lang bis in unsere Zeit bestehende Tradition, waren mächtige Tannen das ideale Material. Für die Hochseesegler der Neuzeit wiederum lieferten sie das Holz der Masten. Der Name der Tanne wird vom althochdeutschen „tanna" abgeleitet, was früher Wald bedeutete.

Allgemeines Die Tanne ist wegen ihrer tiefen Wurzeln und der sich rasch zersetzenden Nadeln (Humusbildner) eine wichtige Mischbaumart. Die größte Gefährdung der Tanne ist zu starker Wildverbiss, der in weiten Teilen Österreichs die Verjüngung erschwert. Der Baum weist im Alter eine abgeflachte Krone auf, die als „Storchennest" bezeichnet wird. Die Äste sind quirlständig und stehen fast waagrecht ab. Tannen können 500 bis 600 Jahre alt werden, zur Holznutzung werden sie nach 90 bis 130 Jahren gefällt.

Holzcharakteristik Die Jahrringe sind deutlich erkennbar, wobei der Übergang von Früh- zu Spätholz gleitend ist. Das weißgelbliche Holz, das auch einen grauen bzw. grauvioletten Farbschimmer aufweisen kann, dunkelt unter Lichteinwirkung etwas nach. Tannenäste weisen eine dunklere Färbung als jene der Fichte auf, sind rund und mitunter von schwarzen Ringen umgeben (oft Durchfalläste). Der fallweise auftretende Nasskern der Tanne, bei dem das Kernholz im frisch geschlägerten Zustand einen Feuchtigkeitsgehalt von 160 % statt 40 % aufweist, kann zweierlei Ursachen haben: Beim normalen Nasskern gesunder Tannen geht die von Bakterien hervorgerufene braune Färbung meist von Totästen im Kronenbereich aus. Er tritt innerhalb der Reifkerngrenze auf und ist regelmäßig geformt. Ein pathologischer Nasskern absterbender Tannen, der sich von Wunden im Stammfuß nach oben ausbreitet, ist hingegen unregelmäßig geformt und reicht in das Splintholz hinein.

Eigenschaften Tannenholz ist etwas leichter (Darrdichte 422 kg/m³) als Fichtenholz, hat aber ähnliche Festigkeitseigenschaften. Es besitzt ein gutes Stehvermögen, schwindet mäßig und gilt als besonders gut spaltbar. Alle Oberflächenbehandlungsverfahren sind gut anwendbar. Tannenholz lässt sich gut trocknen, dabei sollte es wegen des möglichen Nasskerns bei der Trocknung von Schnittholz nicht mit Fichte gemischt werden. Die Neigung zum Splittern kann beim Bearbeiten scharfer Profile zu Problemen führen. In der natürlichen Dauerhaftigkeit liegt das Holz wie Fichte in Klasse 4 (wenig dauerhaft), die Tränkbarkeit ist mäßig. Tannenholz hat eine bemerkenswerte Beständigkeit gegenüber Säuren und Alkalien.

Verwendung Die Tanne wird allgemein wie Fichte verwendet. Sie dient als Bauholz, Konstruktionsvollholz, für Massivholzplatten, Fenster, Türen, Treppen, Fußböden, Fassaden, Balkone, Wand- und Deckenverkleidungen, Möbel, Verpackungsmaterial, Kisten. Bevorzugt wird Tannenholz dort, wo der Harzgehalt des Fichtenholzes unerwünscht ist. So wird es etwa für Behälter chemischer Flüssigkeiten eingesetzt. Im Musikinstrumentenbau dient es als Resonanzholz tief gestimmter Saiteninstrumente.

Ähnliches Holz Fichte

Ulme (Rüster)

Weiterer Handelsname Ruste
Englisch Elm
Botanischer Name *Ulmus spp.*
Kurzzeichen UL (EN-Kurzzeichen: ULGL, ULCP)

Ulmen erreichen Höhen von 30 bis 40 m. Die Krone ist meist unregelmäßig und hat aufsteigende Äste. Die Stämme tragen eine längsrissige, dunkelgraue Borke, die in der Jugend glatt ist. Die Blätter sind unsymmetrisch, am Rand gekerbt-gesägt und in einer ausgeprägten Spitze auslaufend. Die Früchte sind kleine Nüsschen, die von einem häutigen Flügelsaum umgeben sind. Die Lage der Nüsschen in diesen Flügeln und deren Form geben eine gute Unterscheidungsmöglichkeit der drei heimischen Ulmenarten.

Erkennungsmerkmale des Holzes

Farbe Splint gelblich bis hellgraubraun, Kernholz braun (hell-, rötlich- bis schokoladebraun)
Querschnitt ringporiges Holz mit einer markanten wellenlinienförmigen Zeichnung im Spätholz
Radialschnitt Streifentextur mit schönen hellbraunen Spiegeln, nadelrissig
Tangentialschnitt feine, matt glänzende Flader, nadelrissig
Geruch nicht auffallend
Härte mittelhart

Physikalische Kennwerte

Rohdichte	
Mittelwerte ρ_{12}	643 kg/m³
Grenzwerte ρ_{12}	460 – 860 kg/m³
Schwind- und Quellmaße	
Gesamtschwindmaß	
axial $\beta_{l,max}$	0,3 %
radial $\beta_{r,max}$	4,6 %
tangential $\beta_{t,max}$	7,9 %
Differenzielle Quellung	
radial q_r	0,19 %/%
tangential q_t	0,28 %/%

Mechanische Kennwerte

Elastische Eigenschaften	
Biege-Elastizitätsmodul E_l	11.200 N/mm²
Festigkeitseigenschaften	
Biegefestigkeit fm	90 N/mm²
Zugfestigkeit ft,0	82 N/mm²
Druckfestigkeit fc,0	50 N/mm²
Härte	
Brinellhärte HB_0	62 N/mm²
Brinellhärte HB_{90}	28 N/mm²

Sonstige Kennwerte

Wärmeleitfähigkeit λ	0,149 W/mK
Gleichgew.-Feuchte ω_{37} (20°/37 %)	8,0 %
Gleichgew.-Feuchte ω_{83} (20°/83 %)	16,1 %
Natürliche Dauerhaftigkeit	
Pilze	4, wenig dauerhaft
Hausbockkäfer	S, nicht dauerhaft
Anobium	S, nicht dauerhaft
Tränkbarkeit	
Kernholz	2 bis 3, mäßig bis schwer tränkbar
Splintholz	1, gut tränkbar
Farbe	
Farbwert (L*a*b*)	67,1*10,4*27,2*

Kulturgeschichtliches In der Edda gilt die Ulme als Ursprungsmaterial der Frau, die Esche als jenes des Mannes. Ulmenbast ist selbst feiner als Lindenbast, weshalb er früher von Gärtnern zum Binden geschätzt war. Ebenso nutzte man die spezifischen Eigenschaften des Holzes, Härte, Zähigkeit und Schubfestigkeit, für stark beanspruchte Teile im Wagen- und Mühlenbau. Diesen profanen Qualitäten stehen das ausnehmend schöne Furnierbild und der warme Farbton des Holzes gegenüber, die es zu einem besonderen Möbelholz werden ließen.

Allgemeines Von den drei heimischen Ulmenarten ist das Holz der Feldulme das begehrteste. Sie ist ein wärmebedürftiger Baum des Auwaldes. Die Bergulme kommt bis in Höhen von 1.300 m in schattigen Hang- und Schluchtwäldern und in wärmeren Gebieten bis zu einer Höhe von 1.000 m vor. Die Flatterulme findet sich fast ausschließlich in Auwäldern und feuchten Mischwäldern. Sie ist die einzige europäische Baumart, die Brettwurzeln ausbildet, welche sonst eher für tropische Bäume typisch sind. Das Ulmensterben griff ab 1920 auf Europa über. Es wird durch einen Schlauchpilz hervorgerufen, dessen Sporen wiederum vom Ulmensplintkäfer von befallenen auf nicht befallene Bäume übertragen wird. Von den drei heimischen Ulmenarten sind Feld- und Bergulme betroffen, die Flatterulme hingegen nur selten. Unbehelligt erreichen Feld- und Bergulme ein Alter von etwa 400 Jahren, die Flatterulme von bis zu 250 Jahren.

Holzcharakteristik Die drei Ulmenhölzer unterscheiden sich in ihren Farbtönen: Feldulme ist im Kern rötlich bis schokoladebraun, Bergulme hellbraun bis fleischrot, Flatterulme hellgraubraun. An der Splint-/Kerngrenze kommen Farbstreifen vor. Diese Zone unterscheidet sich vom wasserführenden Splint und vom Farbkern, weshalb die Ulme von manchen Fachleuten als Kernreifholz bezeichnet wird. Alle Ulmenarten sind typisch ringporig und weisen eine tangentiale Verbindung der Spätholzgefäße zu Wellenlinien oder tangentialen Bändern auf, wobei die Tangentialflächen zwischen den markanten Frühholzfladern eine feine gezackte Zwischenfladerung zeichnen, wodurch ein besonders lebhaftes Holzbild entsteht.

Eigenschaften Ulmenholz gehört zu den schweren und mittelharten Hölzern (Darrdichte 600 kg/m³, Brinellhärte 28 N/mm²). Es ist schwer spaltbar und zäh. Ulme ist ein mäßig bis gut zu bearbeitendes Holz, dessen Eigenschaften je nach Art und Wuchsbedingungen stark variieren können. Beim Hobeln, Fräsen, Sägen, Drechseln und Schleifen rauen die Flächen teilweise auf. Aufgrund der ausgeprägten Neigung zum Reißen und Werfen muss das Holz sehr vorsichtig getrocknet werden. In der Oberflächenbehandlung sind keine Probleme bekannt. Ulmenholz ist wenig dauerhaft (Klasse 4). Der Splint ist gut, das Kernholz mäßig bis schwer zu imprägnieren.

Verwendung Das Ulmenholz, vor allem das der Feld- und Bergulme, zählt zu den schönsten heimischen Hölzern. Es wird zur Erzeugung von Furnieren, Möbeln, Parkett sowie für Wand- und Deckenverkleidungen verwendet. Zudem wird es gerne für Ziergegenstände und im Instrumentenbau dekorativ eingesetzt. Ulmenmaser ist begehrt und oft im Furnierhandel zu finden.

Ähnliche Hölzer im Radialschnitt Kirschbaum, Robinie

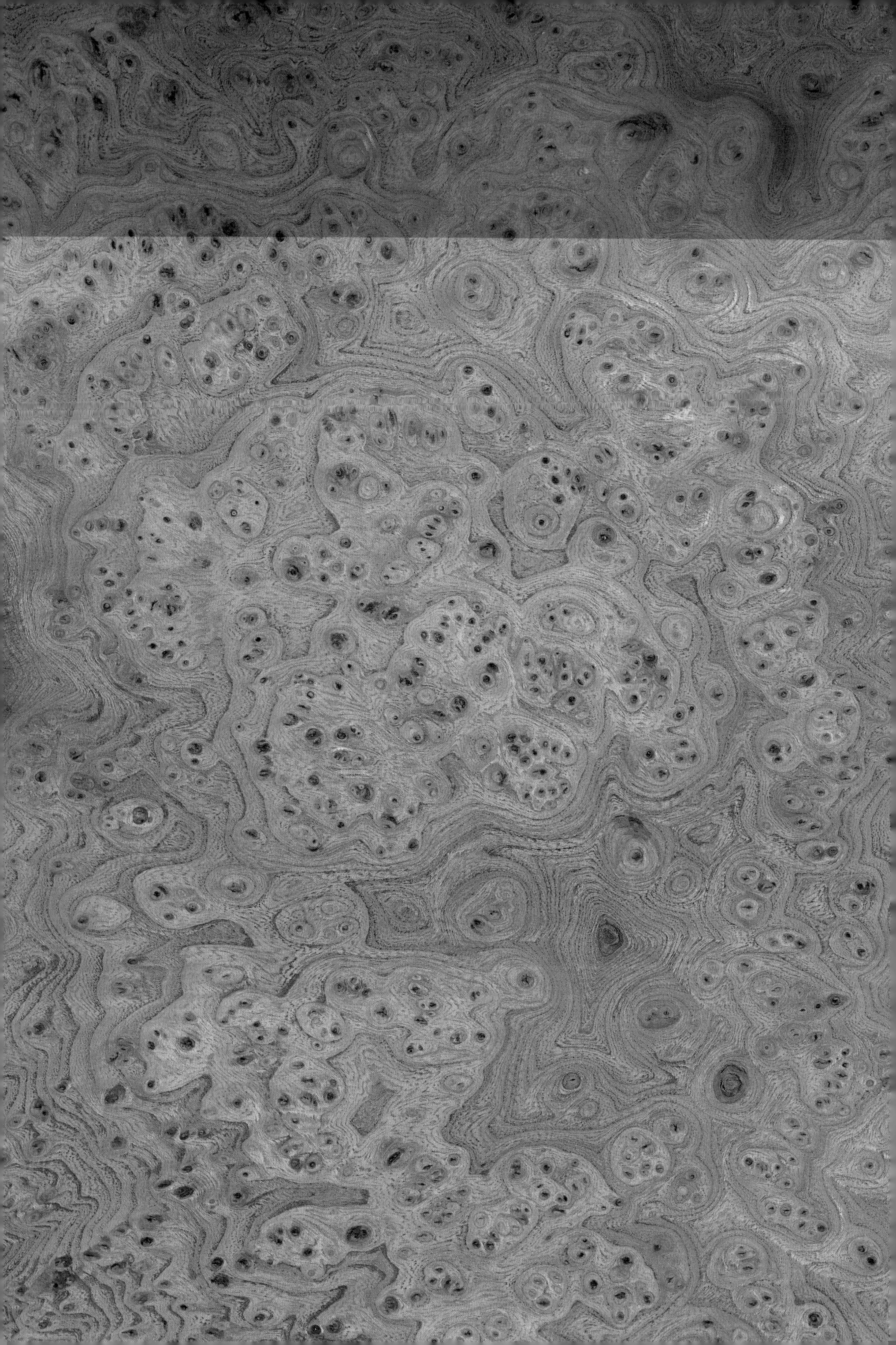

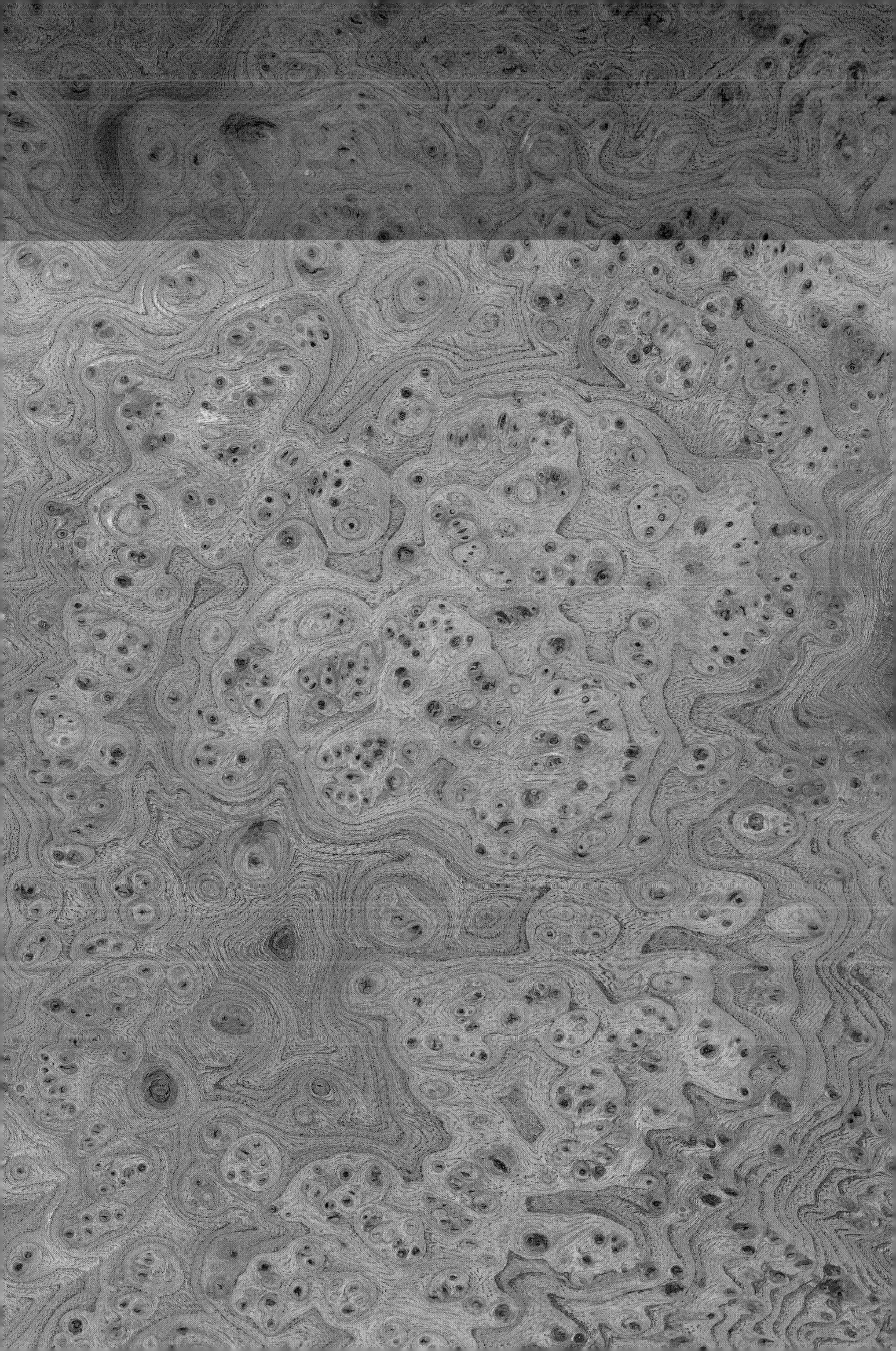

Zirbe

Weitere Handelsnamen Zirbelkiefer, Arve
Englisch Swiss stone pine
Botanischer Name *Pinus cembra* L.
Kurzzeichen ZI (EN-Kurzzeichen: PNCM)

Säulenförmige Baumform mit stumpfer Spitze, an günstigen Standorten bis zu 30 m hoch. Die Rinde ist in der Jugend silbergrau, später graubraun mit einer längsrissigen Schuppenborke. Die dreikantigen Nadeln sitzen zu fünft an den Zweigen. Die dicken, eirunden, 5 bis 8 cm langen Zapfen enthalten die essbaren, dickschaligen, flügellosen Samen (Arvennüsschen).

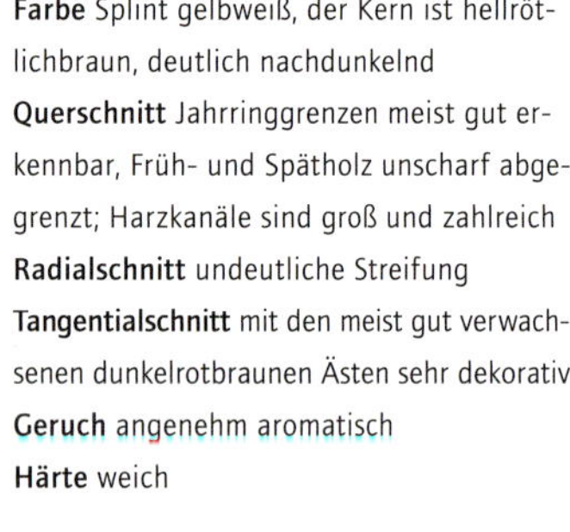

Erkennungsmerkmale des Holzes

Farbe Splint gelbweiß, der Kern ist hellrötlichbraun, deutlich nachdunkelnd
Querschnitt Jahrringgrenzen meist gut erkennbar, Früh- und Spätholz unscharf abgegrenzt; Harzkanäle sind groß und zahlreich
Radialschnitt undeutliche Streifung
Tangentialschnitt mit den meist gut verwachsenen dunkelrotbraunen Ästen sehr dekorativ
Geruch angenehm aromatisch
Härte weich

Physikalische Kennwerte

Rohdichte	
Mittelwerte ρ_{12}	456 kg/m³
Grenzwerte ρ_{12}	360 – 700 kg/m³
Schwind- und Quellmaße	
Gesamtschwindmaß	
axial $\beta_{l,max}$	0,3 %
radial $\beta_{r,max}$	3,0 %
tangential $\beta_{t,max}$	5,9 %
Differenzielle Quellung	
radial q_r	0,11 %/%
tangential q_t	0,23 %/%

Mechanische Kennwerte

Elastische Eigenschaften	
Biege-Elastizitätsmodul E_l	8 700 N/mm²
Festigkeitseigenschaften	
Biegefestigkeit f_m	73 N/mm²
Zugfestigkeit $f_{t,0}$	102 N/mm²
Druckfestigkeit $f_{c,0}$	41 N/mm²
Härte	
Brinellhärte HB_0	41 N/mm²
Brinellhärte HB_{90}	16 N/mm²

Sonstige Kennwerte

Wärmeleitfähigkeit λ	0,096 W/mK
Farbe	
Farbwert (L*a*b*)	78,3*11,4*31,6*

Kulturgeschichtliches Jahrhundertelang wurde die dunkle Zirbe gezielt geschlägert, um Weideland für das Almvieh zu gewinnen. Die lichtdurchlässigen Lärchen ließ man stehen. Da die Zirben langsam wachsen, wurden sie kaum forstwirtschaftlich angebaut, obwohl das Holz zahlreiche positive Eigenschaften aufweist. Nicht zuletzt zeigt es sich im Hochgebirgsklima selbst im Außenbereich als recht dauerhaft. Lange Zeit im Korsett rustikaler Formgebung eingezwängt, findet es zunehmend Eingang in modernes Design.

Allgemeines Die Zirbe ist ein Baum des Hochgebirges und kommt vorwiegend in Höhen zwischen 1.300 und 2.400 m vor. Hervorragend verkraftet sie Temperaturschwankungen und übersteht die schwierige Phase des späten Bergfrühlings mit lange gefrorenem Boden. Der äußerst langsam wachsende Baum erreicht ein Alter von 1.000 und mehr Jahren. Im Verbreitungsgebiet der Zirbe ist meist auch der Tannenhäher zu finden. Er ernährt sich u. a. von den Zirbensamen, den sogenannnten Zirbelnüssen oder Arvennüsschen, und legt diese in Vorratslagern für den Winter an. Damit trägt er aktiv zur weiteren Verbreitung der Zirbe bei.

Holzcharakteristik Zu den besonderen Merkmalen des Zirbenholzes gehört der in der Regel sanfte Übergang vom Früh- zum Spätholz, der dieses Nadelholz als Schnitzholz prädestiniert. Meist ist das Spätholz auch nur sehr schmal und schwach ausgeprägt. Die zahlreichen, gut verwachsenen Äste, die optisch kräftig aus dem Holz hervortreten, schwinden wenig und lassen sich sehr gut bearbeiten. Die Zirbe ist eine der wenigen heimischen Holzarten, die einen signifikanten, aromatischen Duft aufweist, der lange erhalten bleibt.

Eigenschaften Zirbenholz ist leicht und weich (Darrdichte 415 kg/m³, Brinellhärte 16 N/mm²) und sehr gut zu bearbeiten, die Festigkeitseigenschaften sind mäßig gut. Hingegen ist das Schwindmaß gering. Es lässt sich gut spalten und gut schnitzen. Die Trocknung geht leicht, bei der Oberflächenbehandlung ist der Harzanteil zu berücksichtigen. Die positive Wirkung von Möbeln und Innenausstattungen aus Zirbenholz auf das Wohlbefinden wird in der Fachwelt intensiv diskutiert. Schneidbretter aus Zirbenholz zeigen eine starke antibakterielle Wirkung.

Verwendung Zirbenholz wird wegen seiner leichten Bearbeitbarkeit gerne für Holzschnitzarbeiten verwendet, ebenso für Bauernstuben mit profilierten und geschnitzten Verzierungen. Weiters wird die Zirbe allgemein für Möbel, Einbauten, Wandverkleidungen und Vertäfelungen im „alpenländischen Stil" verwendet und dafür auch zu Furnieren verarbeitet. Wegen der antibakteriellen Eigenschaften ist Zirbenholz auch beliebt für Mehlschaufeln und Behälter.

Ähnliche Hölzer Kiefer, Weymouthskiefer

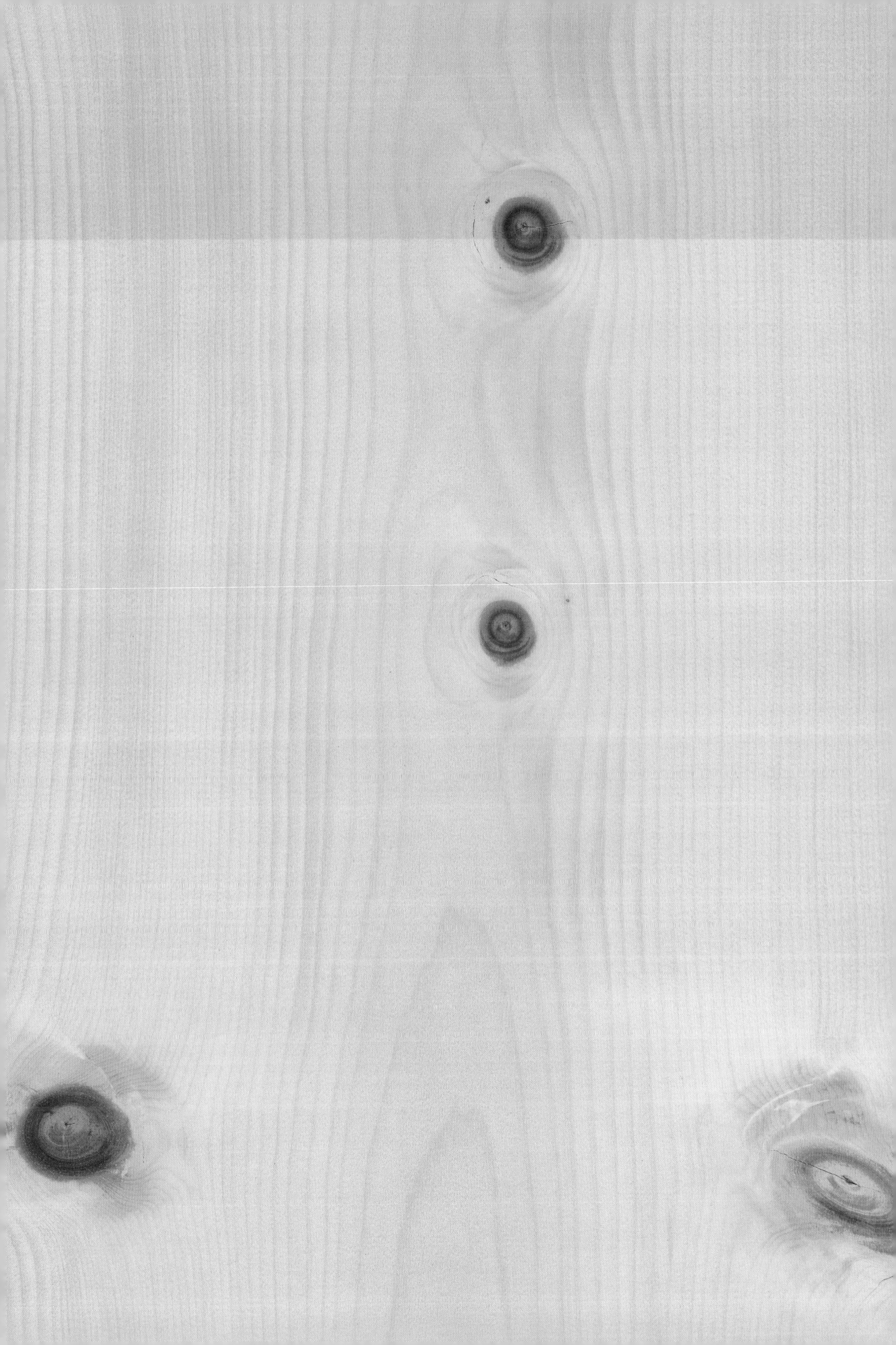

Nadelhölzer

Physikalische und mechanisch-technologische Kennwerte, ermittelt an Proben mit einer Holzfeuchte von 12 %

Holzart	Douglasie	Eibe
Botanischer Name	*Pseudotsuga menziesii*	*Taxus baccata*
Kurzzeichen	DG	
EN-Kurzzeichen	PSMN	TXBC
Physikalische Kennwerte		
Rohdichte		
Mittelwerte ρ_{12} (kg/m^3)	561	670
Grenzwerte ρ_{12} (kg/m^3)	350 – 750	620 – 710
Schwind- und Quellmaße		
Gesamtschwindmaß		
axial $\beta_{l,max}$ (%)	0,3	0,1 – 0,3
radial $\beta_{r,max}$ (%)	4,2	3,7
tangential $\beta_{t,max}$ (%)	6,8	5,3
Differenzielle Quellung		
radial q_r (%/%)	0,18	0,15
tangential q_t (%/%)	0,32	0,27
Mechanische Kennwerte		
Elastische Eigenschaften		
Biege-Elastizitätsmodul E_l (N/mm^2)	12.900	15.700
Festigkeitseigenschaften		
Biegefestigkeit f_m (N/mm^2)	90	85
Zugfestigkeit $f_{t,0}$ (N/mm^2)	100	108
Druckfestigkeit $f_{c,0}$ (N/mm^2)	53	57
Härte		
Brinellhärte HB_0 (N/mm^2)	44	
Brinellhärte HB_{90} (N/mm^2)	19	30
Sonstige Kennwerte		
Wärmeleitfähigkeit λ(W/mK)	0,136	
Gleichgew.-Feuchte ω_{37} (%) 20°/37 %		
Gleichgew.-Feuchte ω_{83} (%) 20°/83 %		
Natürliche Dauerhaftigkeit		
Pilze	3 bis 4	2
Hausbockkäfer	D	
Anobium	D	
Tränkbarkeit		
Kernholz	4	
Splintholz	2 bis 3	
Farbe		
Farbwert (L*a*b*)	74,6*11,9*33,0*	

Natürliche Dauerhaftigkeit

Pilze:

1 – 5 sehr dauerhaft – nicht dauerhaft

Insekten:

D dauerhaft

M mäßig dauerhaft

S nicht dauerhaft

n. a. nur unzureichende Daten verfügbar

Tränkbarkeit

1 – 4 gut tränkbar – sehr schwer tränkbar

v hohe Variabilität

Alle Kennwerte bis auf die der Eibe laut ÖNORM B 3012 (2023)

Fichte	Kiefer (Föhre)	Schwarzkiefer	Lärche	Tanne	Zirbe
Picea abies	*Pinus sylvestris*	*Pinus nigra*	*Larix decidua*	*Abies alba*	*Pinus cembra*
FI	KI	SK	LA	TA	ZI
PCAB	PNSY	PNNN	LADC	ABAL	PNCM
448	517	566	580	449	456
300 – 750	332 – 890	370 – 950	400 – 890	310 – 780	360 – 700
0,3	0,3	0,4	0,3	0,1	0,3
4,0	4,1	3,9	3,4	3,8	3,0
8,2	7,8	6,9	7,5	7,9	5,9
0,17	0,17		0,16	0,15	0,11
0,30	0,31		0,32	0,31	0,23
11.200	12.900	13.583	13.200	11.100	8.700
77	95	109	99	74	73
99	102	104	104	90	102
48	51	52	56	46	41
34	38	54	52	31	41
13	19	25	20	15	16
0,105	0,137		0,117	0,109	0,096
7,0	7,0		8,0	7,0	
16,4	15,3		17,1	16,9	
4	3 bis 4	4v	3 bis 4	4	
S	D	D	D	S	
S	D	D	D	S	
3 bis 4	3 bis 4	4v	4	2 bis 3	
3v	I	Iv	2v	2v	
85,8*6,5*27,0*	74,8*12,2*32,4*		69,8*14,0*34,0*	82,2*7,7*27,9*	78,3*11,4*31,6*

Physikalische und mechanisch-technologische Kennwerte, ermittelt an Proben mit einer Holzfeuchte von 12 %

Holzart	Bergahorn	Spitzahorn	Birke
Botanischer Name	*Acer pseudoplatanus*	*Acer platanoides*	*Betula pendula*
Kurzzeichen	BA	SA	BI
EN-Kurzzeichen	ACPS	ACPL	BTXX
Physikalische Kennwerte			
Rohdichte			
Mittelwerte ρ_{12} (kg/m^3)	616	637	646
Grenzwerte ρ_{12} (kg/m^3)	518 – 790	550 – 700	510 – 830
Schwind- und Quellmaße			
Gesamtschwindmaß			
axial $\beta_{l,max}$ (%)	0,5	0,4 – 0,5	0,6
radial $\beta_{r,max}$ (%)	3,3	3,8	5,0
tangential $\beta_{t,max}$ (%)	7,1	8,6	7,9
Differenzielle Quellung			
radial q_r (%/%)	0,15	0,15	0,22
tangential q_t (%/%)	0,27	0,27	0,30
Mechanische Kennwerte			
Elastische Eigenschaften			
Biege-Elastizitätsmodul E_l (N/mm^2)	10.500	10.700	14.700
Festigkeitseigenschaften			
Biegefestigkeit f_m (N/mm^2)	101	110	127
Zugfestigkeit $f_{t,0}$ (N/mm^2)	110	115	145
Druckfestigkeit $f_{c,0}$ (N/mm^2)	51	54	53
Härte			
Brinellhärte HB_0 (N/mm^2)	59	58	44
Brinellhärte HB_{90} (N/mm^2)	28	29	25
Sonstige Kennwerte			
Wärmeleitfähigkeit λ(W/mK)	0,144	0,140	0,152
Gleichgew.-Feuchte ω_{37} (%) 20°/37 %			6,9
Gleichgew.-Feuchte ω_{83} (%) 20°/83 %			16,1
Natürliche Dauerhaftigkeit			
Pilze	5	5	5
Hausbockkäfer	D	D	D
Anobium	S	S	S
Tränkbarkeit			
Kernholz	1	1	1 bis 2
Splintholz	1	1	1 bis 2
Farbe			
Farbwert (L*a*b*)	87,9*5,3*22,3*		80,7*7,8*25,3*

Natürliche Dauerhaftigkeit

Pilze:

1 – 5 sehr dauerhaft – nicht dauerhaft

Insekten:

D dauerhaft

M mäßig dauerhaft

S nicht dauerhaft

n. a. nur unzureichende Daten verfügbar

Tränkbarkeit

1 – 4 gut tränkbar – sehr schwer tränkbar

v hohe Variabilität

Alle Kennwerte bis auf die der Elsbeere laut ÖNORM B 3012 (2023)

Birnbaum	Buche	Edelkastanie	Eiche	Elsbeere	Erle
Pyrus communis	*Fagus sylvatica*	*Castanea sativa*	*Quercus robur/petraea*	*Sorbus torminalis*	*Alnus glutinosa*
BB	BU	EK	EI	EL	ER
	FASY	CTST	QCXE	SOTR	ALGL, ALIN
724	713	590	701	742	535
600 – 800	530 – 910	430 – 720	400 – 1.030	670 – 900	420 – 810
0,4	0,3	0,6	0,4	0,2	0,5
4,4	5,4	4,3	4,1	5,7 – 7,6	4,1
8,9	12,3	7,3	9,1	9,2 – 11,6	7,9
0,16	0,21	0,16	0,19		0,16
0,33	0,41	0,27	0,31		0,27
7.700	15.300	9.500	11.800	10.700	10.100
86	120	86	100	108	92
98	129	130	100		93
49	61	50	57	53	50
65	68	40	58	48	35
29	34	18	32	25	13
0,165	0,165	0,113	0,165		0,109
	7,3		9,0		
	15,7		17,2		
4	5	2	2 bis 4		5
n. a.	S	D	D		D
n. a.	S	M	M		S
n. a.	1v	4	4		1
n. a.	1	2	1		1
60,3*16,4*27,7*	75,4*10,1*23,7*	73,5*7,8*27,9*	67,3*8,8*29,8*		76,5*10,5*26,2*

Physikalische und mechanisch-technologische Kennwerte, ermittelt an Proben mit einer Holzfeuchte von 12 %

Holzart	Esche	Hainbuche	Kirschbaum	Linde
Botanischer Name	*Fraxinus excelsior*	*Carpinus betulus*	*Prunus avium*	*Tilia platyphyllos/cordata*
Kurzzeichen	ES	HB	KB	LI
EN-Kurzzeichen	FXEX	CPBT	PRAV	TIXX
Physikalische Kennwerte				
Rohdichte				
Mittelwerte ρ_{12} (kg/m^3)	731	796	614	522
Grenzwerte ρ_{12} (kg/m^3)	420 – 940	540 – 888	507 – 800	350 – 625
Schwind- und Quellmaße				
Gesamtschwindmaß				
axial $\beta_{l,max}$ (%)	0,2	0,5	4,6	0,3
radial $\beta_{r,max}$ (%)	5,1	6,0	9,1	5,2
tangential $\beta_{t,max}$ (%)	7,9	10,7		9,1
Differenzielle Quellung				
radial q_r (%/%)	0,19	0,23	0,17	0,20
tangential q_t (%/%)	0,33	0,36	0,30	0,29
Mechanische Kennwerte				
Elastische Eigenschaften				
Biege-Elastizitätsmodul E_l (N/mm^2)	14.200	14.500	10.100	9.500
Festigkeitseigenschaften				
Biegefestigkeit f_m (N/mm^2)	125	141	94	98
Zugfestigkeit $f_{t,0}$ (N/mm^2)	142	140	100	95
Druckfestigkeit $f_{c,0}$ (N/mm^2)	56	70	47	48
Härte				
Brinellhärte HB_0 (N/mm^2)	66	66	56	39
Brinellhärte HB_{90} (N/mm^2)	35	34	28	16
Sonstige Kennwerte				
Wärmeleitfähigkeit λ(W/mK)	0,158	0,178	0,120	0,104
Gleichgew.-Feuchte ω_{37} (%) 20°/37 %	7,0			
Gleichgew.-Feuchte ω_{83} (%) 20°/83 %	16,5			
Natürliche Dauerhaftigkeit				
Pilze	5	5	3 bis 5	5
Hausbockkäfer	S	n. a.	S	n. a.
Anobium	S	S	D	S
Tränkbarkeit				
Kernholz	2	1	n. a.	1
Splintholz	2	1	n. a.	1
Farbe				
Farbwert (L*a*b*)	82,3*6,2*25,4*	81,2*4,8*22,9*	67,2*12,5*30,5*	83,3*6,9*25,2*

Natürliche Dauerhaftigkeit
Pilze:
1 – 5 sehr dauerhaft – nicht dauerhaft

Insekten:
D dauerhaft
M mäßig dauerhaft
S nicht dauerhaft
n. a. nur unzureichende Daten verfügbar

Tränkbarkeit
1 – 4 gut tränkbar – sehr schwer tränkbar
v hohe Variabilität

Nussbaum	Pappel	Aspe	Platane	Robinie	Ulme (Rüster)
Juglans regia	*Populus nigra/alba*	*Populus tremula*	*Platanus acerifolia*	*Robinia pseudoacacia*	*Ulmus spp.*
NB	PA	AS	PL	RO	UL
JGRG	PONG	POTL	PLXH	ROPS	ULGL, ULCP
641	451	474	600	775	643
450 – 820	350 – 590	350 – 615		540 – 900	460 – 860
0,5	0,3			0,1	0,3
4,6	4,0	3,3	4,5	4,6	4,6
7,2	8,9	8,4	8,7	7,1	7,9
0,20	0,15	0,13	0,17	0,23	0,19
0,28	0,30	0,27	0,29	0,35	0,28
12.200	9.000	8.700	10.500	12.900	11.200
120	64	67	99	137	90
105	77	77	98	140	82
64	36	37	46	72	50
62	30	24		75	62
31	13	13		41	28
0,156	0,113	0,150		0,170	0,149
6,7	7,1			7,3	8,0
14,8	16,7			14,8	16,1
3	5			1 bis 2	4
D	S			D	S
S	S			D	S
3	3v			4	2 bis 3
1	1v			1	1
57,4*10,9*24,7*	88,7*5,3*23,0*			60,3*13,3*37,4*	67,1*10,4*27,2*

Alle Kennwerte bis auf die der Platane
laut ÖNORM B 3012 (2023)

Der erste Zugang zum Holz

Erkennen und verstehen

Josef Fellner

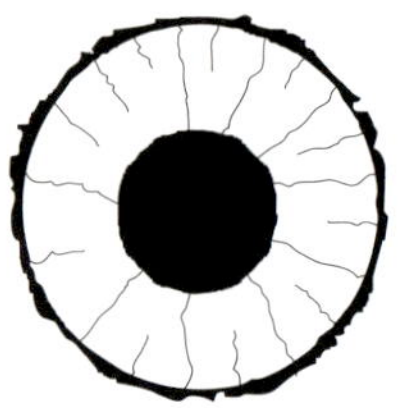

Kernhölzer

DG, Eibe, KI, LA, ZI
EK, KB, NB, RO

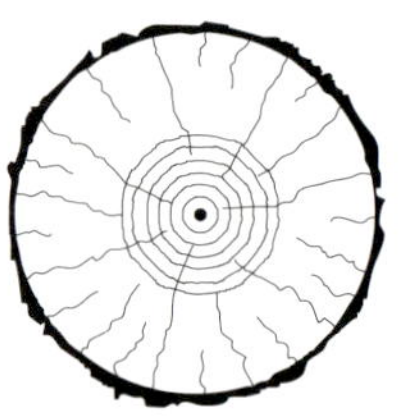

Reifhölzer

FI, TA, BU, ES, LI

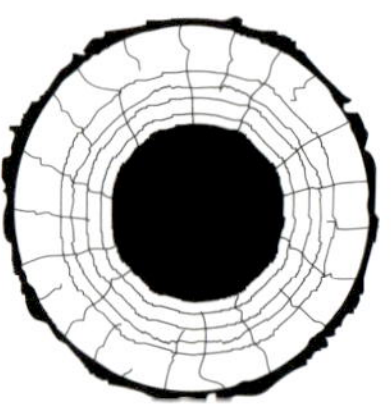

Kernreifhölzer

BU, ES

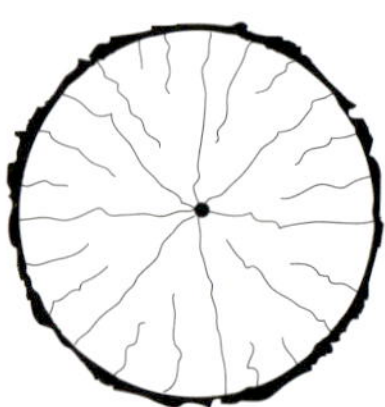

Splinthölzer

AS, BA, BI, ER, HB, SA

Nadelholz, Laubholz

Die Farbe des Holzes

Der erste Eindruck, den uns ein Stück Holz bereits aus der Distanz vermittelt, ist seine Farbe. Von fast Weiß über Gelb, Rot, Grün, Braun, Violett und gestreift bis hin zu Schwarz deckt Holz fast die gesamte Farbpalette ab. Trotz dieser Vielfalt ist beim jungen Baum jedes Holz grundsätzlich hell. Seine spezifische Farbe entsteht erst während einer späteren Wachstumsphase, in der das Holz verkernt. Anzumerken ist, dass der charakteristische Farbton einer Holzart nur an frisch gehobelten Flächen eindeutig ist und sich später durch Lichteinwirkung mitunter stark verändert.

Kernhölzer – obligatorische Farbkernbildung Alle Nadelbäume und die meisten Laubbäume lösen ab einem Alter von 20 bis 30 Jahren den inneren Teil des Stamms aus dem Wassertransport heraus und nutzen ihn nur mehr zur Festigung, das heißt nur noch als tragenden Teil für die Krone. Bei einigen wird, damit diese Aufgabe möglichst effizient und dauerhaft erfüllt werden kann, der Kern durch die Einlagerung von Farb- und Gerbstoffen konserviert. Solche Hölzer nennt man Kernhölzer. Da die verschiedenen Baumarten unterschiedliche Stoffe einlagern, entsteht das bekannte Farbspektrum des Holzes. Der Bereich des Stamms, dessen Funktion der Wassertransport ist, wird Splint genannt. Hier bleibt das Holz hell und enthält zu einem bestimmten Anteil noch lebende Zellen (im Splint von Nadelhölzern nur 5 bis 10 %), in denen Reservestoffe gespeichert werden, während im Kern keine Zelle mehr aktiv und an irgendeiner Form des Transports beteiligt ist.

Reifhölzer – Bäume mit hellem Kernholz Es gibt allerdings auch Baumarten, die zwar den inneren Teil des Stamms aus dem Wassertransport herauslösen, aber trotzdem keine Farbstoffe einlagern. Splint und Kern haben dann die gleiche Farbe, unterscheiden sich jedoch – in frisch gefälltem Zustand – ganz wesentlich in ihrem Feuchtigkeitsgehalt. Diese Holzarten heißen Reifhölzer, ihr Kern Reifkern. In getrocknetem Zustand sind die beiden Zonen nicht mehr unterscheidbar. Beispiele für Reifhölzer sind Fichte und Tanne bei den Nadelhölzern sowie Buche, Linde und Birnbaum bei den Laubhölzern.

Kernreifhölzer – fakultative Farbkernbildung Laubhölzer, bei denen sich unter bestimmten Naturbedingungen drei Zonen ausbilden können, sind Esche und Rotbuche. Man spricht von einer fakultativen Farbkernbildung, was bedeutet, dass sich ein Farbkern entwickeln kann, aber nicht muss. Von manchen wird auch die Ulme in dieser Gruppe gesehen. Sie haben einen wasserführenden Splint und einen Reifbereich, der kein Wasser mehr transportiert, aber auch nicht farblich verkernt und erst später, aber nicht zwingend, einen Farbkern ausbildet.

Splinthölzer – keine oder verzögerte Farbkernbildung Die vierte Variante betrifft Laubhölzer, die nur, wenn sie sehr alt werden, einen Kern bilden, im Normalfall jedoch lediglich Splintholz aufweisen. Ihr gesamter Querschnitt weist einen hohen Feuchtigkeitsgehalt auf und ist, ähnlich wie jener der Reifhölzer, farblich einheitlich. Beispiele für Splintholzbäume sind Ahorn, Birke, Erle und Hainbuche.

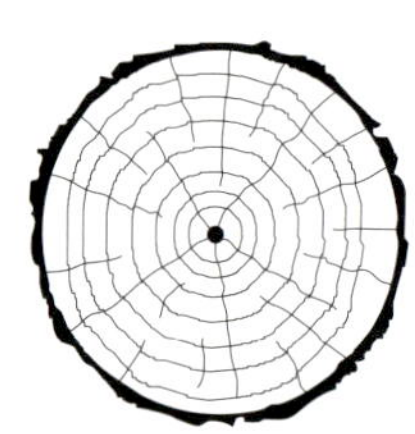

Jahrringe deutlich

Vor allem Nadelhölzer und ringporige Laubhölzer

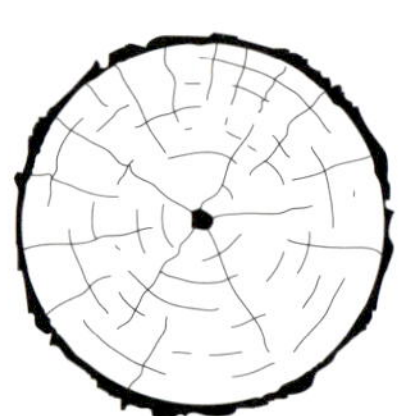

Jahrringe undeutlich

Zerstreutporige und teilweise halbringporige Laubhölzer

Jahrringe – die Textur des Holzes

Betrachtet man ein Stück Holz genauer, fallen einem die Jahrringe auf. Diese sind bei manchen Holzarten stärker als bei anderen ausgeprägt und werden von den heimischen Bäumen im jährlichen Zuwachs gebildet.

Frühholz und Spätholz Deutlich sichtbar sind diese Zuwachsbereiche an den Längsflächen und Querschnitten der Nadelhölzer. Hier wechselt eine dunkle mit einer hellen Zone ab, gemeinsam ergeben beide einen Jahrring. Nadelbäume bilden diese Jahrringe, indem sie im Frühjahr, zu Beginn der Vegetationsperiode, Zellen bilden, die sehr dünne Wände und große Hohlräume haben und sich daher ideal für den Wassertransport eignen. Diese Schicht nennt man Frühholz. Später dann, im Sommer und Herbst, werden dickwandige Zellen mit kleinen Hohlräumen gebildet, die hauptsächlich für die Festigkeit zuständig sind. Weil diese Zellen mit ihren dicken Wänden wesentlich mehr Licht absorbieren als die dünnen, erscheinen sie dunkel, man nennt sie Spätholz. Bei besonders guten Bedingungen können Bäume sehr breite Jahrringe bilden, wobei der Hauptanteil des Zuwachses bei Nadelbäumen generell auf das Frühholz fällt.

Der Baum – ein Transport- und Speichersystem

Damit der Stamm den zunehmenden Anforderungen der mit dem Alter sich immer mehr ausbreitenden Krone hinsichtlich Wassertransport und Festigkeit gewachsen ist, muss er in der Lage sein, neue Zellen für die Vergrößerung des Durchmessers zu bilden. Der dafür zuständige Bereich liegt an der Außengrenze des eigentlichen Holzkörpers unter der Rinde. Er besteht aus einer einzelligen Schicht, die rund um den Stamm verläuft und Kambium genannt wird. Hier entstehen durch Zellteilung laufend neue Zellen – nach innen die Holzzellen, nach außen die Bastzellen, die im Lauf der Jahre absterben und zur toten Rinde und zur aufbrechenden Borke werden. Kambium, Bast und Borke gehören zwar nicht zum Holz, aber ganz elementar zum Baum, womit man zu den verschiedenen Abläufen kommt, die im Baum nicht sichtbar stattfinden.

Fotosynthese Die Bäume „pumpen" – Laubbäume mit einer Geschwindigkeit von bis zu 40 Metern in der Stunde – mit Salzen und Spurenelementen angereichertes Wasser in die Krone, um es dort für den Prozess der Fotosynthese zu verwenden. Dieser Transportvorgang geschieht im Splint. Im Bast werden die bei der Fotosynthese erzeugten Zucker- und Stärkestoffe wieder nach unten, bis hin zu den Wurzeln, gebracht.

Speicherzellen Da nicht alle in der Krone erzeugten Zucker- und Stärkestoffe akut benötigt werden, bildet der Baum spezielle Speicherzellen. Ein Teil von ihnen verläuft – im Gegensatz zu allen anderen Zellen – quer zur Wuchsrichtung des Stamms und schafft so ein ideales Transport- und Speichersystem der lebenswichtigen Reservestoffe. Diese Speicherzellen sind die einzigen – im Holzbereich des Baumstamms – noch lebenden Zellen, allerdings auch dort nur im Splint.

Holzstrahlen Quer zur Wuchsrichtung laufende Speicherzellen werden Holzstrahlen genannt. Sie treten manchmal in großen Bündeln auf und sind dann im Querschnitt als radiale Linien erkennbar. Bei Rotbuche, Eiche, Platane sind sie gut mit freiem Auge sichtbar. Da der Baum immer weiterwächst, werden immer neue Holzstrahlen angelegt, um den gesamten Stammbereich zur Speicherung zu nützen. Diese werden zwischen bereits bestehende eingeschoben, weshalb der Abstand der einzelnen Holzstrahlen zueinander ziemlich konstant bleibt. Der über den Bast aus der Krone geleitete Zucker wird über die Holzstrahlen in das Splintholz transportiert.

Zellbildung bei Laub- und Nadelbäumen

Bei Laubbäumen ist die Unterscheidung zwischen Früh- und Spätholz nicht immer gut sichtbar, bei manchen kann man die Jahrringe gar nur andeutungsweise erkennen. Grund dafür ist die komplexere Zellbildung, denn während Nadelholz prinzipiell aus zwei Zellarten besteht, entwickeln Laubbäume vier verschiedene Zellarten für unterschiedliche Funktionen.

Faserzellen Dabei differenziert der Baum zwischen Zellen, die für den Wassertransport, und Zellen, die für die Festigkeit gebildet werden. Letztere sind dickwandig, haben kleine Hohlräume und sind für den Wassertransport nicht geeignet; sie werden Faserzellen genannt. Sie ähneln den Spätholzzellen der Nadelbäume, weisen jedoch zum Großteil einen sehr hohen Zellwandanteil auf und zeichnen sich daher durch besonders gute Festigkeitseigenschaften aus. Im Durchschnitt bestehen Laubbäume bis zu 50 % aus solchen dicken Faserzellen.

Nadelrissigkeit Jene Zellen, die explizit für den Wassertransport gebildet werden, sind bei manchen Laubhölzern im Längsschnitt mit freiem Auge als feine, wie mit einer Nadel geritzte Rillen erkennbar. Diese Textur wird als „nadelrissig" bezeichnet. Im Querschnitt erscheinen diese Rillen als Poren, unter dem Mikroskop wird sichtbar, dass es sich dabei um ein aus Einzelzellen (Gefäßen) aufgebautes Röhrensystem für den Wassertransport handelt.

Ringporige Laubhölzer Bei einigen Holzarten werden diese Gefäße vor allem dann gebildet, wenn der Baum seine aktivste Wachstumsphase hat. Die Poren sind dann ringförmig im Frühholz sichtbar. Mit freiem Auge ist das bei Eiche, Esche, Edelkastanie, Robinie und Ulme möglich. Man nennt diese Bäume ringporig.

Halbringporige Laubhölzer Es gibt aber auch Holzarten, deren Porigkeit nicht in so deutlicher Konzentration in der Frühholzzone auftritt, sondern – mit abnehmender Größe – über den ganzen Jahrring verteilt sichtbar ist. Markante Beispiele dafür finden sich bei Nuss- und Kirschbaum. Sie nehmen eine nicht ganz eindeutige Position zwischen ringporigen und zerstreutporigen Hölzern ein und werden daher als halbringporig bezeichnet.

Zerstreutporige Laubhölzer Die dritte und größte Gruppe der Laubhölzer hat Poren, die mit freiem Auge nicht mehr erkennbar sind und über den ganzen Jahrring, der ebenfalls oft nicht mehr eindeutig in seinen Zonen (Früh- und Spätholz) differenzierbar ist, gleichmäßig verteilt sind. Diese Gruppe nennt man zerstreutporige Laubhölzer, zu ihnen gehören Birke, Ahorn, Erle, Hainbuche, Pappel, Rotbuche, Elsbeere, Linde und Weide.

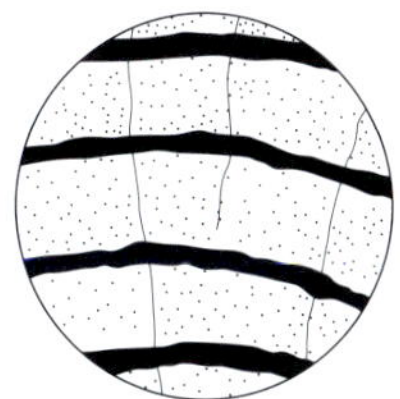

Nadelholz
Frühholz hell,
Spätholz dunkel

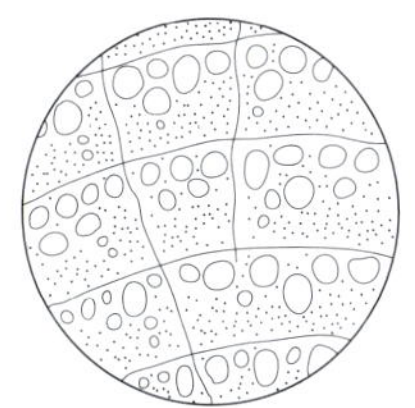

Ringporige Laubhölzer
EI, EK, ES, RO, UL

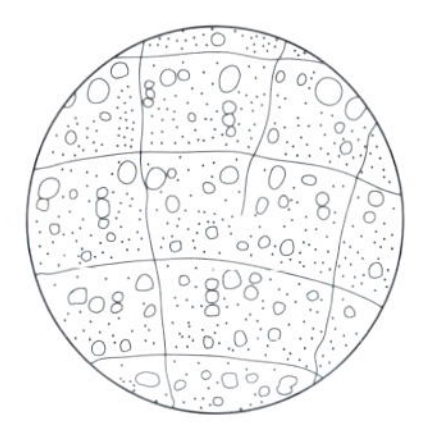

Halbringporige Laubhölzer
KB, NB

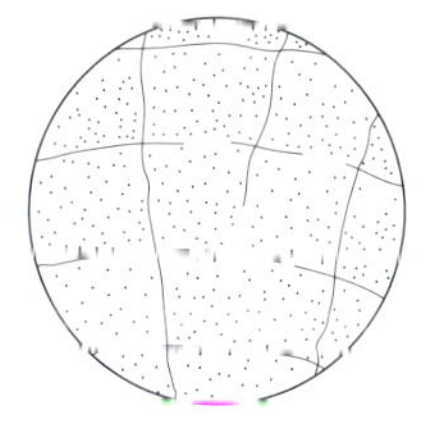

Zerstreutporige Laubhölzer
BA, BI, BU, EL, ER,
HB, LI, PA, SA

Schnittrichtungen

Radial- oder Spiegelschnitt Während die Holzstrahlen im Tangentialschnitt als feine Striche oder Spindeln erkennbar sind, können im Radialschnitt große Flächen davon sichtbar gemacht werden, weil ihre Zellen sehr dicht und fein sind und bei gewissem Lichteinfall stark schimmern (Spiegel), während das übrige Holz matt bleibt. Der Radialschnitt wird daher auch Spiegelschnitt genannt.

Hirnholz- oder Querschnitt Im Querschnitt, der auch Hirnholzschnitt genannt wird, sind einerseits die Jahrringe und – wie bereits erwähnt – bei einigen Laubbäumen die Holzstrahlen gut sichtbar. Obwohl Nadelbäume natürlich ebenso über Holzstrahlen verfügen, sind diese am Querschnitt nicht zu sehen, weil sie nur eine Zellreihe breit sind. Dafür ist hier – besonders bei bereits verwitterten Stücken – der Unterschied zwischen dickwandigem Spätholz und dünnwandigem, leicht herauslösbarem Frühholz besonders gut erkennbar.

Tangential- oder Fladerschnitt Neben Radial- bzw. Spiegelschnitt, der die schimmernden Flächen der Holzstrahlen und die parallelen Streifen der Jahrringe sichtbar macht, werden durch andere Schnittflächen andere Holzbilder erzeugt. Sobald das Holz tangential an den Jahrringen angeschnitten wird, entsteht, da ein Baum ja kein exakt zylindrisches, sondern ein kegelförmiges Wuchsbild hat, das Schnittbild des Fladerschnitts – im Wesentlichen sind es Kegelschnittzeichnungen, die als Gestaltungsmittel und -merkmal ebenfalls Bedeutung haben.

Harzkanäle Zusätzlich erkennt man bei manchen Nadelhölzern im Querschnitt feine Pünktchen. Es handelt sich dabei um Harzkanäle, Interzellularräume, die der Baum nützt, um Ausscheidungsstoffe bzw. Stoffe zur Wundheilung abzulagern. Bei besonderer Beanspruchung kann es zur Rissbildung im Holz kommen, wobei sich kleine mit Harz gefüllte Hohlräume bilden. Diese als Harzgallen bezeichneten Harztaschen sind in der Regel im Holz unerwünscht.

Weitere Merkmale des Holzes

Äste oder Verwundungen, die sich im Holz abzeichnen, sind weitere auffällige Merkmale des Holzes, die uns bei der Betrachtung begegnen. Sie werden leider noch immer von vielen – selbst Holzfachleuten – als Fehler bezeichnet und sind doch eigentlich wesentlicher Bestandteil des Organismus Baum, dem wir diesen Werkstoff verdanken. Da Äste quer oder schräg aus dem Stamm herauswachsen, sind ihre Spuren je nach Schnittbild rund, oval oder auch längsgerichtet sichtbar. Dabei unterscheidet man zwischen Durchfallästen, das sind abgestorbene Äste, die vom Baum überwachsen wurden und aus einem Brett herausfallen können, weil sie mit dem Holz nicht verbunden sind, und Ästen, die noch fest mit der Baumstruktur verwachsen sind. Anordnung, Größe und Form der Äste beeinflussen die Sortierung von Schnittholz für die einzelnen Anwendungszwecke erheblich.

Eine weitere Beeinflussung des Holzbildes kann durch Schädlinge entstehen. Feine, braune Striche, sogenannte Markflecken, sind etwa charakteristisch für Baumarten wie Erle oder Birke und entstehen durch Verletzungen, die von der Kambiumminierfliege stammen. Speziell bei der Erle sind die Markflecken ein dekoratives holzartenspezifisches Merkmal.

Eine weitere, manchmal auffallende Erscheinung sind bei Nadelhölzern besonders dunkle, rötliche Jahrringe, die von Nadelbäumen auf einer Seite des Stamms als Reaktion auf besonders starke einseitige Belastungen (Wind, Schnee, Hangneigung) gebildet werden. Dieses vor allem auf Druck belastbare Reaktionsholz wird auch Buchs(holz) genannt. Bei Laubbäumen findet man diese Varianten nicht, sie bilden in solchen Fällen andere Zellen – besonders zugfeste Fasern –, die nicht mit freiem Auge und auch mikroskopisch nur schwer erkennbar sind.

Maserbilder Gestalterisch besonders stark einsetzbar sind von der Natur geschenkte Maserbilder, unregelmäßige, starke Zeichnungen im Holz, die entstehen, wenn sich am Stamm oder im Übergangsbereich zwischen Wurzelstock und Stamm immer wieder neue Triebe und Knospen bilden, die dann entweder abgebrochen oder -gefressen und vom Baum umbaut werden. Diese Bilder sind dann in allen Schnitten sichtbar.

Wurzelmaserholz Eine ähnlich starke und lebhafte Maserung entsteht im Wurzelholz bzw. im wurzelnahen Stammholz, das jedoch eine andere Zellstruktur als das Holz des Stamms und einen sehr wirren Faserverlauf hat, was zu einem sehr charakteristischen und interessanten Holzbild führt.

Geruch Der Geruch ist eine weitere Eigenschaft, die den Einsatz von Holz wesentlich beeinflussen kann. Im frisch geschnittenen Zustand weisen viele Hölzer einen markanten Geruch auf, aber es gibt nur wenige heimische Holzarten wie Zirbe, Eiche und Wacholder, deren Geruch auch im getrockneten Zustand eindeutig wahrnehm- und unterscheidbar ist und der durch eingelagerte Stoffe wie ätherische Öle, Harze oder Gerbstoffe entsteht.

Haptik Die Verschiedenheit der Holzarten betrifft auch deren haptische Eigenschaften. Neben den Unterschieden, die sich direkt aus der Verarbeitung zu sägerauer, gehobelter oder geschliffener Ware ergeben, fühlen sich – aufgrund anderer Struktur – auch die Holzarten selbst unterschiedlich an. So sind etwa ringporige Laubhölzer rauer als die homogene Oberfläche der zerstreutporigen Laubhölzer. Bei Nadelhölzern kann der Übergang von Früh- zu Spätholz stark spürbar sein. Ist er abrupt, so fühlt man Inhomogenität, etwa bei der Lärche, deren Holz zum „Schiefern" neigt; ist er weicher, wie bei der Zirbe, dann ist die Struktur des Holzes gleichmäßiger, was nicht zuletzt für die handwerkliche Verarbeitung, besonders das Schnitzen, vorteilhaft ist. Weitere haptische Unterschiede ergeben sich aus dem Harzgehalt – so ist für die Kiefer eine fette, harzige Oberfläche charakteristisch – und aus den spürbaren Härteunterschieden der Hölzer. Dabei zählen Linde und Pappel zu den weichen, Eiche, Buche oder Esche zu den harten Hölzern.
Einzig die Wärme des Holzes ist bei allen Arten gleich. Holz „entzieht" uns, wenn wir unsere Hand auf seine Oberfläche legen oder uns auf eine Holzbank setzen, kaum Energie, weil es durch den Wechsel von Zellwänden und wärmeisolierenden Lufthohlräumen in der Zellstruktur die Körperwärme nicht ableitet. Daher fühlt sich jedes Holz immer warm an.

1 – Mark
2 – Kern
3 – Splint
4 – Kambium
5 – Bast
6 – Borke

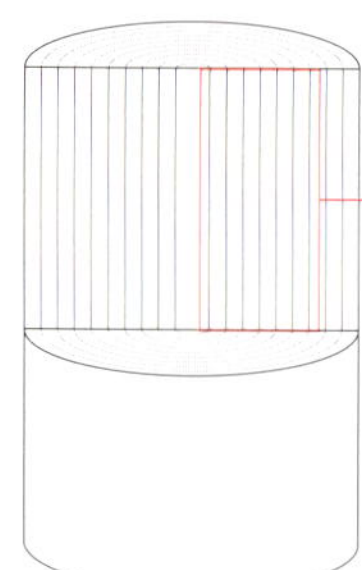

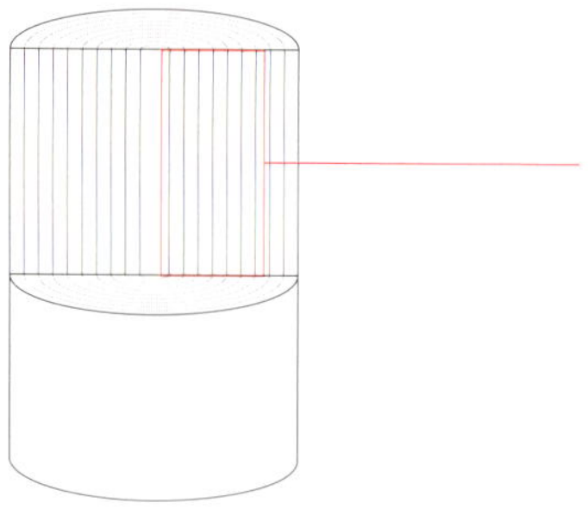

Radialschnitt
(Spiegelschnitt)

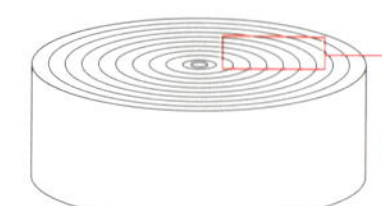

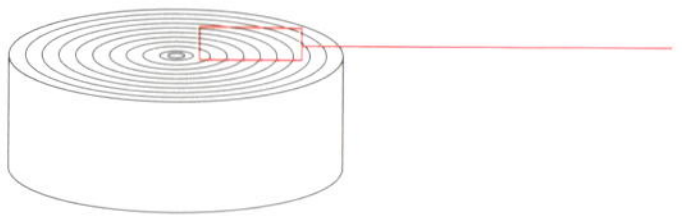

Querschnitt
(Hirnschnitt)

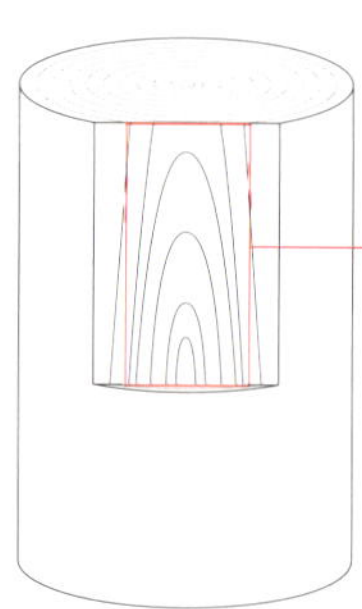

Tangentialschnitt
(Fladerschnitt)

1 – Samen keimt
2 – keine Störung, Baum wächst schnell
3 – weniger Licht, Wasser und Sonne
4 – Trocknungsriss
5 – Reaktionsholz

Nadelholz

Laubholz

Fichte
deutliche Jahrringe

Kiefer
mit Harzkanälen

Buche
zerstreutporig

Eiche
ringporig

Holzmerkmale

Einzelast Fichte
Einzelast Kiefer
Einzelast Zirbe
Einzelast Wacholder

Teilweise verwachsener Ast Kiefer
Durchfallast Kiefer
Durchfallast Fichte
Abgestorbener Ast Ulme

Flügelast Eibe
Flügelast Fichte
Flügelast Kiefer
Doppelflügelast Kiefer

Punktäste Fichte
Punktäste Eiche
Punktast Lärche
Astansammlung Fichte

Harzgalle Fichte
Markröhre Kiefer
Rindeneinwuchs Kiefer
Rindeneinwuchs Hainbuche

Feine Textur Fichte
Grobe Textur Fichte
Druckholz (Buchs) Fichte
Faserneigung Esche

Maserwuchs Vogelaugenahorn
Maserwuchs Riegelahorn
Farbvariationen Nussbaum
Farbvariationen Buche

Kern- und Splintholz Eibe
Kern- und Splintholz Pappel
Kern- und Splintholz Kiefer
Kern- und Splintholz Kirschbaum

Modifiziertes Holz

Neue technische Massivhölzer

Alfred Teischinger

Literatur

Sandberg, D., Kutnar, A., Karlsson, O., Jones, D., 2021: Wood Modification Technologies. CRC Press, Taylor & Francis Group, Boca Raton 2021.

Scheiding, W., 2015: Modifizierung und Hydrophobierung von Holz. In: Scheiding et al. (Hrsg.), Holzschutz, 3. Auflage, S. 239 – 245. Carl Hanser Verlag, München 2015.

Im vorliegenden Buch werden die wichtigsten technisch eingesetzten, heimischen Holzarten beschrieben. Es gibt jedoch Massivholzprodukte auf dem Markt, die durch einen Modifikationsprozess so verändert wurden, dass sich deren Eigenschaften gänzlich von den ursprünglichen Eigenschaften des Ausgangsholzes unterscheiden. Holzmodifizierung heißt, Hölzer durch (biozidfreie) chemische, thermische oder mechanische Eingriffe in die Holzzellwand auf molekularer Ebene bzw. mikrostruktureller Ebene so zu verändern, dass Eigenschaften wie die Dauerhaftigkeit, die Maßhaltigkeit (durch Vermindern des Quellens und Schwindens), die Härte usw. wesentlich verbessert bzw. auf eine bestimmte Eigenschaft hin verändert werden (Farbe, Farbstabilität usw.).
Während in der Regel Produkte aus Massivholz jene Eigenschaften aufweisen, die der jeweilig eingesetzten Holzart entsprechen, können die Eigenschaften bei Holzwerkstoffen durch Zerlegen des Holzes in Lamellen, Furniere, Späne und Fasern und gezieltes Wiederzusammenführen, meist unter Zugabe von Leim und anderen Zusatzstoffen, wesentlich verändert werden.
Mit dem Verfahren der Massivholzmodifikation, die als an sich altes Verfahren in den letzten Jahren zunehmend an Bedeutung gewonnen hat, können auch die Eigenschaften von Massivholz für gänzlich neue Anwendungsgebiete gezielt verändert werden.

Für die Modifikation von Holz gibt es verschiedene Verfahren, die zum Teil patentrechtlich oder als Gebrauchsmuster der daraus erzeugten Produkte geschützt sind. Daher haben sich auch verschiedene Produktnamen von modifizierten Hölzern entwickelt, die mit dem jeweiligen Verfahren in Verbindung stehen.
Als wesentlichste Modifikationsmechanismen gelten der Abbau, die Blockierung oder die Vernetzung der Hydroxylgruppen in den Bestandteilen der Zellwand. Dadurch wird das Holz hydrophob (geringeres Quellen und Schwinden) und in der Regel auch dauerhafter gegenüber holzabbauenden Pilzen.
Veränderungen in der Zellstruktur führen zu den angestrebten „positiven" Effekten. Es sind aber auch Nebenwirkungen zu beachten. Je nach Verfahren können diese negativen Effekte sehr unterschiedlich sein (z. B. Festigkeitseinbuße bei Hitzebehandlung, Geruch bei Hitzebehandlung und z. T. bei Acetylierung). In jedem Fall bedeutet der Modifikationsprozess erhebliche Mehrkosten am Produkt, die durch die Modifikationswirkungen kompensiert werden müssen.
Die modifizierten Hölzer dieser Produktgeneration sind jedoch in ihren Eigenschaften mangels einheitlicher Standards oft schwer vergleichbar.

Ausgewählte Modifikationsverfahren	Verfahrenstyp	Wirkung (über die der Dauerhaftigkeit und Dimensionsstabilität hinaus)
Thermisch behandeltes Holz Englisch: Thermally Modified Timber (TMT) Handelsbezeichnung: z. B. Thermoholz, Thermowood™	Hitzebehandlung mit unterschiedlichen Prozessparametern	Veränderung der Zellwandstruktur durch Hitzebehandlung Abbau der Hydroxylgruppen Festigkeitsverlust und deutliche Farbänderung (Dunkelfärbung) Bei Parkettdielen primär Farbangleichung und Farbstabilität
Chemisch modifiziertes Holz Englisch: Chemically Modified Timber (CMT) Handelsbezeichnung: z. B. Accoya™ für Acetylierung, Belmadur™ für DMDHEU, Kebony™ für Furfurylierung	Acetylierung	Reaktion von Essigsäureanhydrid mit den Hydroxylgruppen im Holz, weitgehender Farberhalt, kein Festigkeitsverlust, UV-stabiler
	Furfurylierung	Vernetzung der Hydroxylgruppen im Holz durch Furfurylalkohol, Braunfärbung, kein Festigkeitsverlust
	Holzvernetzung	Vernetzung mit 1,3-Dimethylol-4-5-Dihydroxyethyleneurea (DMDHEU), Farberhalt
Harzimprägnierung Handelsbezeichnung: z. B. Polyethylenglycol (PEG) Imprägnierung; Compreg™ für Harzimprägnierung	Harzimprägnierung (inkl. natürliche Harze, Wachse u. Öle)	Harz/Öl in der Zellwand und eventuell auch Zelllumen, kein Festigkeitsverlust, je nach Harz keine oder geringe Farbänderung, Dimensionsstabilisierung
Mechanisch behandeltes Holz Handelsbezeichnung: z. B. Calignum™ für verdichtetes Holz bzw. Compwood™ für gestauchtes Holz, Lignostone™ (auch imprägniert)	Verdichtetes (mit und ohne Harzimprägnierung) bzw. längs gestauchtes Holz	Verdichtung, Erhöhung der Härte und des Abriebwiderstands. Längs gestauchtes Holz lässt sich auch kalt biegen.

Die Tabelle und die nebenstehenden Abbildungen zeigen nur eine beispielhafte, unvollständige Produkt- und Verfahrensauswahl.

Modifiziertes Holz

Buche
starke Hitzebehandlung
mittelstarke Hitzebehandlung
Acetylierung Essigsäureanhydrid
Melaminharzimprägnierung

Eiche
starke Hitzebehandlung
mittelstarke Hitzebehandlung
Acetylierung Essigsäureanhydrid
Melaminharzimprägnierung

Die Farbe des Holzes

Alfred Teischinger

Die Farbwahrnehmung des Menschen

Die Farbe ist ein Sinneseindruck, der entsteht, wenn Licht einer bestimmten Wellenlänge oder eines Wellenlängengemisches auf die Netzhaut des Auges fällt. Die elektromagnetische Strahlung veranlasst dort spezielle Sinneszellen zu einer Nerverregung, die im Gehirn als Farbe ins Bewusstsein tritt.

Farbe ist somit eine Sinnesempfindung und keine bloße physikalische Eigenschaft eines Gegenstandes. Von Farbe spricht man daher auch nur, wenn Licht mit einem bestimmten Wellenlängenbereich von einem bestimmten Gegenstand ausgesandt oder reflektiert wird, für die das Auge empfindlich ist. Die Sinneszellen der Netzhaut unseres Auges sprechen dabei auf einen Wellenlängenbereich von ca. 380 (Violett) bis 740 (Rot) Nanometer an (siehe Bild unten).

Für sich genommen ist Farbe eine Sprache für eine Kommunikation ohne Worte, die einer Reihe von Konventionen psychologischer und symbolischer Natur unterliegen. Diese Konventionen variieren je nach Land, Kultur und Epoche bis hin zur Kurzlebigkeit der Mode.

Die Farbe als Sinnesempfindung ist beispielsweise in der DIN-Norm 5033-1 folgendermaßen definiert:

„Farbe ist diejenige Gesichtsempfindung eines dem Auge strukturlos erscheinenden Teiles des Gesichtsfeldes, durch die sich dieser Teil bei einäugiger Beobachtung mit unbewegtem Auge von einem gleichzeitig gesehenen, ebenfalls strukturlosen angrenzenden Bezirk allein unterscheiden kann."

Holz und Farbe

Die meisten Materialien und Werkstoffe besitzen eine spezifische Farbe, die vielfach auch sehr homogen ist. Bei vielen Werkstoffen ist die materialspezifische Farbe von untergeordneter Bedeutung, da die Farbgestaltung erst über die Oberflächenbehandlung im Zuge des Fertigungsprozesses des jeweiligen Produkts erfolgt. Die Farbe im Zuge der Oberflächenbehandlung wird dabei zu einem wesentlichen Qualitätsmerkmal, das laufend gemessen und kontrolliert wird.

Beim komplexen Werkstoff Holz mit all seinen natürlichen Variationen, die gerade den Reiz des Werkstoffs ausmachen, ist die Frage der Farbe ein sehr vielschichtiges Thema. Der holzspezifische Farbton wird durch die Textur, die sich aus den Jahrringstrukturen und anderen Merkmalen ergibt, mitgestaltet. Die spezifische Holzfarbe ist damit auch nicht so einfach durch Messvorschriften und Qualitätsvorgaben festzulegen wie bei technisch hergestellten Werkstoffen bzw. Oberflächen. Die mögliche Farbpalette reicht dabei von fast Weiß über Gelb, Grün, Braun und Rot bis hin zu Violett sowie fast Schwarz (siehe Seite 102 und 103).

Einfallendes Licht kann ins Holz mehr oder weniger tief eindringen. Die unterschiedliche Reflexion in Verbindung mit dem Lichteinfalls- bzw. Betrachtungswinkel ergibt dann im Wechsel von Helligkeit und Farbe den lebendigen Eindruck der Holzoberfläche. Der anisotrope Aufbau mit den gerichteten Holzfasern leitet und reflektiert eindringendes Licht in den verschiedenen Richtungen unterschiedlich stark. Dabei kommt es nicht nur zu einer Helligkeitsmodulation, sondern auch zu einer Farbänderung, da bestimmte Wellenlängen in den einzelnen holzanatomischen Richtungen unterschiedlich stark reflektiert werden. Eine Oberflächenbehandlung mit Klarlack kann diese Effekte noch zusätzlich beeinflussen und den Farbton verstärken („anfeuern").

Die Farbe des Holzes wird zudem noch durch den Produktionsprozess (z. B. Trocknung) wesentlich beeinflusst. Durch bestimmte Prozesse (Dämpfung, thermische Behandlung) kann die Farbe zudem gezielt verändert werden. Das Farbbild gedämpfter Hölzer ist darüber hinaus wesentlich homogener und auch farbstabiler als jenes von ungedämpftem Holz.

Weiters verändert sich die Farbe durch den Einfluss von Licht (primär UV-Anteil im Sonnenlicht) im Laufe der Zeit mehr oder weniger stark durch entsprechende Abbau- und Umbaureaktionen im Holz (siehe Seite 104). Hier unterscheidet sich Holz in der Farbstabilität beispielsweise von den metallischen oder keramischen

Das für den Menschen sichtbare Spektrum (Licht)

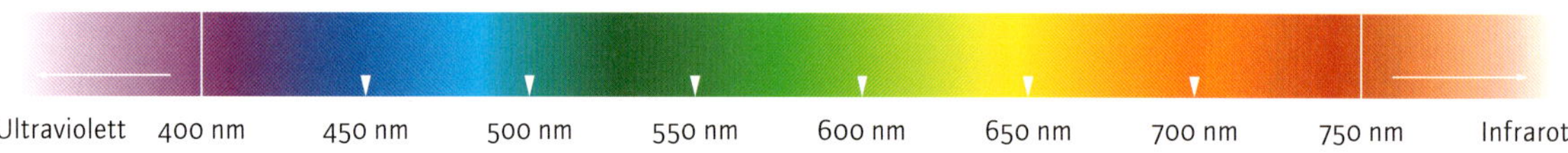

Holzart	Originalfarbe	CIE-L*a*b*-Wert	Farbänderung infolge UV-Einfluss	Bewertung des UV-Einflusses
Ahorn	weißlich	87,9*5,3*22,3*	gelb (vergilbend)	stark
Rotbuche	rötlichweiß	75,4*10,1*22,7*	gelb, rotgelb	stark
Eiche	hellbraun, braun	67,3*8,8*29,8*	braun	gering
Erle	rötlichweiß bis gelbrot	76,5*10,5*26,2*	braunrot	mittel
Esche	hellgelb bis rötlichweiß	82,3*6,2*25,4*	gelb bis hellbraun	mittel
Fichte	weißlich bis strohgelb	85,8*6,5*27,0*	honigbraun	mittel bis stark
Kiefer	hell, rotbraun	74,8*12,2*32,4*	dunkelrotbraun	stark
Kirschbaum	blassgelblichrot bis rötlichbraun	67,2*12,5*30,5*	dunkelrotbraun	mittel bis stark
Nussbaum	dunkelbraun, gestreift	57,4*10,9*24,7*	dunkelbraun	gering

Farbveränderungen einzelner Holzarten durch Lichteinfluss und Bewertung des UV-Einflusses auf die Farbänderung, bei Kernholzarten bezieht sich die Bewertung auf das Kernholz

Werkstoffen. Ohne UV-Schutz durch eine Oberflächenbehandlung sind die meisten Holzarten nur bedingt farbstabil. Diese Farbveränderungen durch Lichteinfluss sind vor allem im Möbel- und Innenausbau, insbesondere auch im Bereich der Holzfußböden zu beachten. Sie können durch entsprechende Oberflächenbehandlungen (Beizen, Lasuren, Lackierung) abgeschwächt, verzögert oder weitgehend vermieden werden. Auch ein durch thermische Behandlung erzielter Farbton ist unter Lichteinfluss wesentlich farbstabiler.

Die Vergrauung von Holz im Außenbereich

Wenn Holz dem Sonnenlicht und vor allem einer UV-Strahlung ausgesetzt wird, werden an der Oberfläche Holzbestandteile, insbesondere Lignin, abgebaut. Dies führt zu einer Holzvergilbung und mit der Zeit zu einer intensiven Braunfärbung.
Wird die Holzoberfläche zudem direkt bewittert, werden die nun wasserlöslichen Abbauprodukte des Lignins ausgewaschen, wobei die fotochemisch stabile silbrigweiße Zellulose zurückbleibt. Die Holzbefeuchtung durch Tau und Regen führt aber zu einer Besiedelung von dunkelfarbigen Schimmelpilzen und zu einem Eintrag von Staubpartikeln, sodass sich die Oberfläche mit der Zeit grau bis schwarz verfärbt (siehe Seite 105).
Infolge ungleichmäßiger Auswaschung durch den Regen kommt es dabei oft zu einer unregelmäßigen Vergrauung, die von Himmelsrichtung (Wetterexposition), Fassadenvorsprüngen u.Ä. abhängt.

Farbmessung und Qualitätssicherung

Die Farbe lässt sich nicht mit einfachen eindimensionalen Modellen und linearen Kenngrößen beschreiben.
Mit dem CIE-L*a*b* Farbraum lässt sich die Farbe durch einen dreidimensionalen Merkmalsraum charakterisieren, wobei im Modell die Helligkeit (L) und die Farbwerte grün/rot (a) und gelb/blau (b) als Raumachsen definiert sind (siehe Bild unten). Mit diesem Modell lassen sich Farbabweichungen in den dem Menschen relativ gut angepassten Maßstäben beschreiben. Basierend auf diesem Farbraumsystem von CIE (Internationale Beleuchtungskommission/Commission Internationale d'Eclairage) werden auch in der Holztechnik farbbestimmende Produktionsprozesse (z.B. Trocknung, Dämpfung, Modifikation) immer häufiger überwacht und charakterisiert.
Dennoch bleibt es weiterhin schwierig, den durch Texturmerkmale überlagerten Farbton einer Holzart mit den richtigen Worten zu beschreiben, in denen auch die Helligkeit (von Weiß bis Schwarz) und die Sättigung eines Farbtons richtig zum Ausdruck kommen. So entstanden die in den einzelnen Holzbestimmungsbüchern immer wieder fortgeschriebenen Bezeichnungen für die Farbe von Holz wie gelblich, hellrötlichbraun, graurötlich, intensiv rotbraun, hellbraun, fahlbraun, gelbbraun, blassbräunlich bis braunrot, violett getönt usw.

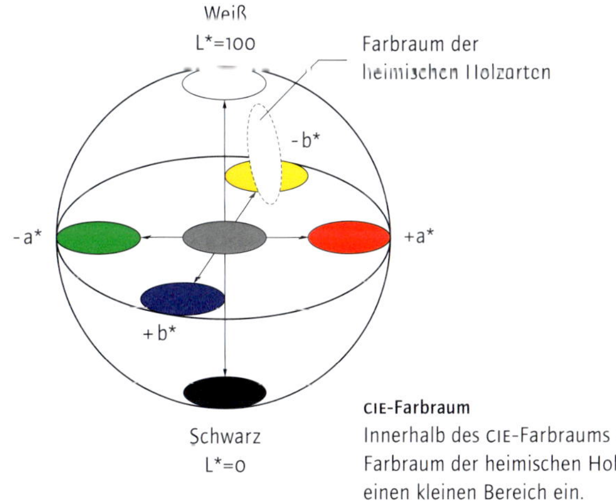

CIE-Farbraum
Innerhalb des CIE-Farbraums nimmt der Farbraum der heimischen Holzarten nur einen kleinen Bereich ein.

Farbpalette

Weiß	Weißbuche	Linde	Bergahorn	Esche
Grünbraun	Robinie	Movingui	Iroko	Ipé
Rotbraun	Douglasie	Rotbuche	California Redwood	Padouk
Gestreift	Zebrano	Arariba Amarello	Kingwood	Rio Palisander

Farbpalette

Gelblich	Fichte	Weißkiefer (Splint)	Ramin	Koto
Braun	Eiche	Edelkastanie	Ulme/Rüster	Teak
Violett	Zwetschke	Wacholder	Chingchan	Amarant
Schwarzbraun	Nussbaum	Queensland Walnut	Mansonia	Wenge

Farbveränderung durch UV-Licht

links: Ausgangsfarbe
rechts: Vergilbung nach intensiver UV-Bestrahlung

Ahorn
Esche
Erle
Rotbuche hell

Fichte
Kiefer
Eiche
Rotbuche dunkel

Oberflächenveränderung durch Bewitterung

Holzabbau infolge UV-Strahlung
und anschließender Auswaschung
der Abbauprodukte

Normen und Richtlinien

- _ ÖNORM B 3012, Holzarten – Kennwerte zu den Benennungen und Kurzzeichen der ÖNORM EN 13556; 2003
- _ ÖNORM EN 338, Bauholz für tragende Zwecke – Festigkeitsklassen; 2016
- _ ÖNORM EN 350, Dauerhaftigkeit von Holz und Holzprodukten; 2017
- _ ÖNORM EN 844, Rund- und Schnittholz – Terminologie; 2019
- _ ÖNORM EN 13556, Rund- und Schnittholz – Nomenklatur der in Europa verwendeten Handelshölzer; 2003
- _ DIN 5033, Grundbegriffe der Farbmetrik; 2017
- _ DIN 68100 Toleranzsysteme für Holzbe- und -verarbeitung – Begriffe, Toleranzreihen, Schwind- und Quellmaße; 2010
- _ DIN 68364, Kennwerte von Holzarten – Rohdichte, Elastizitätsmodul und Festigkeiten; 2003

Literatur

- _ Fellner, J., Teischinger, A.: Alte Holzregeln. Von Mythen und Brauchbarem über Fehlinterpretationen zu neuen Erkenntnissen, Wien 2001.
- _ Grabner, M.: Werkholz. Eigenschaften und historische Nutzung 60 mitteleuropäischer Baum- und Straucharten, Remagen-Oberwinter 2017.
- _ Meints, T., Teischinger, A., Stingl, R., Hansmann, C.: Wood colour of central European wood species: CIELAB characterisation and colour intensification. European Journal of Wood and Wood Products, 75, 2017, S. 499 – 509
- _ Niemz, P., Teischinger, A., Sandberg, D.: Springer Handbook of Wood Science and Technology, Cham 2023.
- _ Sell, J., 1989: Eigenschaften und Kenngrößen von Holzarten. Baufachverlag Lignum, Zürich 1989.
- _ Spektrum der Wissenschaft, Spezial-ND 5/2004: Farben.
- _ Wagenführ, R., Wagenführ, A.: Holzatlas, 7. Auflage, München 2021.
- _ Wagenführ, A., Scholz. F.: Taschenbuch der Holztechnik, 3. Auflage, München 2018.

proHolz Publikationen

- _ Zuschnitt, Zeitschrift über Holz als Werkstoff und Werke in Holz
  www.proholz.at/zuschnitt
- _ Fassaden aus Holz – Grundlagen und Beispiele
  Klaus Peter Schober et al.
  3. überarbeitete Auflage, proHolz Austria (Hg.), Wien 2018
- _ Holzböden im Freien – Planung und Ausführung aus Holz, modifiziertem Holz sowie WPC
  Claudia Koch, Klaus Peter Schober et al.
  proHolz Austria (Hg.), Wien 2013

Zu bestellen über www.proholz.at oder www.detail.de

dataholz.eu

Die Website dataholz.eu ist ein digitaler Bauteilkatalog für den Holzbau. Die Daten zu den Holzwerkstoffen, Baustoffen, Bauteilen und Bauteilfügungen sind bauphysikalisch und ökologisch geprüft. Die Kennwerte und Datenblätter sowie die zugehörigen Nachweisdokumente können für Einreichungen und Nachweisführungen bei Behörden oder Prüfingenieurinnen und -ingenieuren unentgeltlich verwendet werden.

www.dataholz.eu

infoholz.at

Der Frage- und Antwortservice für professionelle Holzanwender steht allen kostenlos zur Verfügung. Die Fragen beantworten Expertinnen und Experten der Holzforschung Austria. Projektpartner ist der Fachverband der Holzindustrie Österreichs.

www.infoholz.at

Umweltdeklarationen – EPD

Umweltproduktdeklarationen stellen umweltrelevante Daten über den Lebenszyklus eines Bauprodukts in verifizierter und einheitlicher Form zur Verfügung. Sie bilden die Datengrundlage für ökologische Bewertungen über den gesamten Lebenszyklus von Bauprodukten und Gebäuden. Diese Umweltdeklarationen des Typs III werden auch im Deutschen mit EPD abgekürzt, was sich von der englischen Bezeichnung Environmental Product Declaration ableitet. EPD sind keine Bewertungen, sondern stellen „quantifizierte umweltbezogene Informationen", also Ökobilanzdaten, für den Lebensweg eines Produkts zur Verfügung und dienen vorwiegend zur Berechnung von Ökobilanzen von Bauwerken. EPD werden von allen gängigen Gebäude-Zertifizierungssystemen als Grundlage in ihren Kriterienkatalogen herangezogen und können auf nationalen und internationalen Online-Plattformen eingesehen werden. (Autorin: Hildegund Figl, IBO – Österreichisches Institut für Bauen und Ökologie)

www.bau-epd.at

Eurocode 5 – Bemessung von Holzbauten

Der Eurocode 5 befasst sich mit der Bemessung und Konstruktion von Holzbauten. In EN 1995-1-1 wird die allgemeine Bemessung bei Normaltemperatur und in EN 1995-1-2 im Brandfall geregelt. Brücken können nach EN 1995-3 konstruiert und bemessen werden. Die Eurocodes sind europaweit vereinheitlichte Bemessungsregeln für die Tragwerksplanung.
Die Eurocodes definieren sowohl die Einwirkungen auf Bauwerke (Wind, Schnee, Nutzlasten etc.) als auch die Bemessung des Bauwerkswiderstands gegen diese Einwirkungen. Für alle Baustoffe wird mit dem Teil-

sicherheitskonzept die allgemein akzeptierte Zuverlässigkeit über die geplante Nutzungsdauer gewährleistet. Dabei werden Unsicherheiten bei Einwirkungen, Materialkennwerten und Bemessung abgesichert.
(Autor: Ulrich Huebner, Fachverband der österreichischen Holzindustrie)

www.austrian-standards.at
www.eurocode-online.de
https://eurocodes.jrc.ec.europa.eu

Eine gute Übersicht über die charakteristischen Kennwerte für Vollholz und Holzwerkstoffe bietet das „Merkblatt zu ansetzbaren Rechenwerten für die Bemessung nach DIN EN 1995-1-1".

www.informationsdienst-holz.de

Nachhaltigkeitszertifizierungen und Regulative

Kundinnen und Kunden können beim Kauf von Holzprodukten anhand von Gütesiegeln erkennen, dass das dafür verwendete Holz aus einer nachhaltigen Waldbewirtschaftung stammt. Die zwei für die heimische Forst- und Holzwirtschaft wichtigsten Zertifizierungssysteme sind PEFC und FSC.

www.pefc.at, www.pefc.de, www.pefc.ch
www.fsc.org

Grundsätzlich verpflichtet die seit 2013 in Kraft befindliche EU-Holzhandelsverordnung (EU Timber Regulation, kurz EUTR) dazu, nicht mit Holz aus illegalem Holzeinschlag zu handeln.

Ansprechpartner:innen

Österreich

_ Bundesamt für Wald, www.bundesamt-wald.at
_ Bundesforschungszentrum für Wald, www.bfw.gv.at
_ proholz Austria, www.proholz.at
_ Holzforschung Austria, www.holzforschung.at
_ Fachverband der Holzindustrie, www.holzindustrie.at

Deutschland

_ Bundesministerium für Ernährung und Landwirtschaft, www.bmel.de
_ Thünen Institut, www.thuenen.de
_ Informationsdienst Holz, www.informationsdienst-holz.de

Schweiz

_ Bundesamt für Umwelt, www.bafu.admin.ch
_ Lignum, www.lignum.ch

Quellenverweise

Mechanische und physikalische Kennwerte

Die in diesem Buch publizierten mechanischen und physikalischen Kennwerte basieren auf umfangreichen facheinschlägigen Literaturangaben, die im vom Fachverband der Holzindustrie Österreich finanzierten Projekt „Kennwerte von Holzarten" des Holztechnikums Kuchl (Projektkoordination DI Erwin Treml mit den Projektbeteiligten Priv.-Doz. Dr. Michael Grabner, Sebastian Nemestothy und Prof. i. R. Dr. Alfred Teischinger, jeweils BOKU Wien) im Jahr 2023 zusammengestellt wurden. Die Kennwerte wurden auch dem Komitee 087 „Holz" von Austrian Standards International für die aktuelle Überarbeitung der ÖNORM B 3012 zur Verfügung gestellt.
Im Projekt „Kennwerte von Holzarten" wurden unter anderem die Kennwerte aus DIN 68100, DIN 68364 sowie aus Standardwerken wie „Eigenschaften und Kenngrößen von Holzarten" von Jürgen Sell (1987), „Holzatlas" von Rudi Wagenführ und André Wagenführ (2021) und „Springer Handbook of Wood Science and Technology", von Peter Niemz und anderen (2023) einbezogen.

Natürliche Dauerhaftigkeit

Als Kennwerte für die Beschreibung der natürlichen Dauerhaftigkeit wurden die Werte der EN 350 übernommen.

Farbe des Holzes

Die Kennwerte zur Beschreibung der Farbe des Holzes beruhen auf der Publikation von Tillmann Meints und anderen (2017).

Botanische Namen und Kurzzeichen

Die botanischen Namen und Kurzzeichen entsprechen jeweils der ÖNORM B 3012 und EN 13556. Die zweistelligen Kurzzeichen nach ÖNORM B 3012 basieren auf dem deutschen Namen der Holzart (Beispiele: FI für Fichte, BU für Buche). Die vierstelligen Kurzzeichen nach EN 13556 basieren auf dem botanischen Namen der Holzart (Beispiele: Fichte, *Pinus abies* (L.) Karst., PCAB, und Buche, *Fagus sylvatica* L., FASY). Dreistellige Kurzzeichen beziehen sich auf importierte Hölzer.

Waldfläche, Holzvorrat,Baumartenverteilung, Europakarte

AT: Waldinventur 2016 – 21; www.waldinventur.at
DE: Dritte Bundeswaldinventur 2012; https://bwi.info
CH: Fünftes Schweizer Landesforstinventar (LFI5), 2018 – 22: Abegg, M., Ahles, P., Allgaier Leuch, B., Cioldi, F., Didion, M., Düggelin, C., Fischer, C., Herold, A., Meile, R., Rohner, B., Rösler, E., Speich, S., Temperli, C., Traub, B., 2023: Swiss national forest inventory NFI. Result tables and maps of the NFI surveys 1983 – 2022 (NFI1, NFI2, NFI3, NFI4, LFI5.1–5) on the internet. Birmensdorf, Swiss Federal Research Institute WSL
Europakarte: https://efi.int: Kempeneers, P., Sedano, F., Seebach, L., Strobl, P., San-Miguel-Ayanz, J. 2011: Data fusion of different spatial resolution remote sensing images applied to forest type mapping, IEEE Transactions on Geoscience and Remote Sensing, in print. Päivinen, R., Lehikoinen, M., Schuck, A., Häme, T., Väätäinen, S., Kennedy, P., Folving, S., 2001. Combining Earth Observation Data and Forest Statistics. EFI Research Report 14. European Forest Institute, Joint Research Centre – European Commission. EUR 19911 EN.; Schuck, A., Van Brusselen, J., Päivinen, R., Häme, T., Kennedy, P. and Folving, S. 2002. Compilation of a calibrated European forest map derived from NOAA-AVHRR data. European Forest Institute. EFI Internal Report 13.

Glossar

Abholzig Deutliche Verringerung des Stammdurchmessers bei schon geringer Stammlänge; es ergeben sich dadurch konische Stammformen.

Altholz Als Altholz gemäß Altholzverordnung bezeichnet man Holz, das bereits einem Verwendungszweck zugeführt worden war und als Abfall zur Altholzentsorgung oder als Sekundärrohstoff bereitsteht. Altholz kann stofflich, zum Beispiel in der Holzwerkstoffindustrie für Spanplatten, oder thermisch verwertet werden.

Ausbleichen Verblassen der natürlichen Färbung beim trockenen Holz durch starke Belichtung; hierbei kann es auch zu Farbänderungen kommen.

Auwälder erstrecken sich entlang von Flüssen und Bächen.

Axialparenchym Siehe Parenchym

Bast Innerer saftführender Rindenanteil

Bastard Durch Artkreuzung entstandenes Individuum

Biegefestigkeit Widerstandsfähigkeit eines auf Biegung beanspruchten Körpers gegen Bruch

Bläue Die durch bestimmte Pilzarten verursachte graue bis schwarzblaue Verfärbung führt zu keiner Minderung der Festigkeitseigenschaften.

Blattachsel Übergang vom Ast zum Stiel eines Blattes an einer Pflanze

Bloch/Block Auch Stammabschnitt; Rundholz, das nach Vorgabe abgelängt wurde

Borke Äußerer Rindenanteil

Braunkern Eschen bilden fakultativ eine dunkle Färbung im Bereich des Reifholzes aus. Diese als Braunkern bezeichnete Verfärbung hat keinerlei Auswirkung auf die technischen Holzeigenschaften.

Brennholz Aufbereitetes Energieholzsortiment aus naturbelassenem Stückholz (Scheiter, Hackgut etc.) als Festbrennstoff

Bretter Schnittholz mit einer Dicke (Stärke) bis 37 mm

Brettschichtholz (BSH) Bauteil aus Bauholz für tragende Zwecke aus mindestens zwei parallelen, nach ihrer Festigkeit sortierten, miteinander verklebten Lamellen mit spezifizierter Festigkeitsklasse

Brettsperrholz (BSP, engl. CLT) Bauholz für tragende Zwecke aus mindestens drei flächenverleimten Lagen aus nach Festigkeit sortierten Lamellen, wobei mindestens eine Lage senkrecht zu den zwei angrenzenden Lagen stehen muss

Brinellhärte Spezielle Härteprüfung, bei der eine Stahlkugel mit einem bestimmten Druck ins Holz gedrückt wird. Die Brinellhärte ist das Verhältnis der aufgewendeten Kraft zur Eindruckfläche in N/mm². Für Parkett gilt die Prüfung nach EN 1354.

Charakteristischer Wert Repräsentativer Wert einer Materialeigenschaft zur Bemessung, der entweder auf 5 %-Quantilwerten (z. B. Festigkeitseigenschaften und Rohdichte) oder Mittelwerten (z. B. Elastizitätsmodul) beruht

Dämpfen Dampf- oder Heißwasserbehandlung zu verschiedenen Zwecken, wie Spannungsabbau beim Holztrocknen, als Vorbereitung zum Biegen oder zur Furnierherstellung, zur Farbgebung bestimmter Hölzer und zum Abtöten tierischer Schädlinge

Darrdichte Siehe Rohdichte

Darrgewicht Gewicht bzw. Masse des Holzes in absolut trockenem Zustand (Feuchtigkeitsgehalt 0 %)

Dauerhaftigkeit Resistenz bzw. natürliche Widerstandsfähigkeit des Holzes gegen Holzschädlinge; nach ÖNORM EN 350 bei Pilzen Resistenzklassen: 1 sehr dauerhaft, 2 dauerhaft, 3 mäßig dauerhaft, 4 wenig dauerhaft, 5 nicht dauerhaft; bei Insekten D dauerhaft, M mäßig dauerhaft, S nicht dauerhaft, n. a. nur unzureichende Daten verfügbar

Drehwuchs Schraubenförmiger statt mit der Stammachse gleichlaufender Faserverlauf, der das Stehvermögen beeinflusst

Druckfestigkeit Widerstandsfähigkeit eines auf Druck beanspruchten Körpers gegen Bruch

Durchfalläste Vom nachwachsenden Holz lose umschlossene, meist schwarze, abgestorbene Äste, die im Schnittholz nach dem Trocknen meist herausfallen, besonders bei Fichte und Tanne

Elastizitätsmodul Auch E-Modul; Maß für die Verformungssteifigkeit bei mechanischer Beanspruchung im elastischen Bereich

Erntefestmeter (Efm) entspricht einem Vorratsfestmeter abzüglich ungefähr 10 Prozent Rindenverluste und 10 Prozent Verluste bei der Holzernte. Der Zusatz o. R. bedeutet ohne Rinde.

Fakultative Kernholz-Bäume Nur unter bestimmten Voraussetzungen auftretender Farbkern

Farbkern Zumeist ein rötlichbraun gefärbtes Kernholz, das sich durch Einlagerung von Farb- und Gerbstoffen deutlich vom hellen Splintholz abhebt. Das Farbkernholz ist stets widerstandsfähiger gegen Pilzbefall als das Splintholz.

Feinjähriges Holz Auch fein- oder engringig; Holz mit geringen Jahrringbreiten, wobei der Begriff nicht qualifizierbar ist und eher Relationen angibt. Siehe auch grobjähriges Holz

Flader Zeichnung des Holzes; ein meist kegelartiges oder ovales Bild, das durch Farb- oder Strukturunterschiede beim Tangentialschnitt sichtbar wird. Man unterscheidet a) deutlich (z. B. Fichte, Kiefer, Lärche), b) in zarten Linien noch zu erkennen (z. B. Ahorn, Birke), c) undeutlich bis unkenntlich (z. B. Apfel, Birne)

Fladerschnitt Siehe Tangentialschnitt

Fotosynthese Umwandlung von Sonnenenergie (Licht) in biomechanische Energie, die in allen grünen Pflanzenteilen stattfindet. Dabei bauen die Pflanzen aus Kohlendioxid (aus der Luft), Wasser (aus dem Boden) und Lichtenergie Kohlenhydrate auf.

Freilufttrocknung oder natürliche Trocknung; Lagerung im Freien oder offen unter Dach unter örtlichem Klima zur Trocknung des Holzes. Die Einflussnahme auf den Trockenverlauf ist gegenüber der technischen Trocknung äußerst gering. Sie dient meist der Vortrocknung.

Frühholz Die meist hellere und weichere Schicht eines Jahrrings, die zu Beginn einer Wachstumsperiode entsteht und meist bei Nadelhölzern besonders deutlich ausgebildet ist

Gefäße Auch Tracheen; bestehen aus einzelnen, röhrenförmigen Gliedern, die übereinander angeordnet sind. Die Glieder stehen über Durchbrechungen der Zellwände in Verbindung. Gefäße dienen als Wasserleitung und sind charakteristisch für Laubhölzer. Siehe auch Poren

Gegenständige Blätter stehen sich an der Sprossachse genau gegenüber.

Gerbsäureflecken Bei einigen Hölzern, z. B. Eiche, kann es zu Reaktionen mit Eisen und Metallen kommen, die sich in Holzverfärbungen abzeichnen.

Gesamtschwindmaß Gesamtschwindung von der Fasersättigung bis zum darrtrockenen Zustand

Grobjähriges Holz Auch grob- oder weitringig; Holz mit großen Jahrringbreiten, wobei der Begriff nicht qualifizierbar ist und eher Relationen angibt. Siehe auch feinjähriges Holz

Halbringporigkeit Mittelstellung zwischen Zerstreutporigkeit und Ringporigkeit, z. B. Nuss, deren Gefäße zwar zerstreut angeordnet, aber so groß sind, dass man sie gut erkennen kann. Bei Kirsche sind die Gefäße im Frühholz viel zahlreicher als im Spätholz, sodass der Eindruck einer Ringbildung entsteht

Harzgalle (Harztasche) Linsenförmiger Hohlraum zwischen den Jahrringen, der Harz enthält

Harzkanäle Röhrenartige, mit Harz gefüllte Hohlräume, die meist in Faserrichtung verlaufen. Sie werden oft erst durch austretendes Harz oder Harzfärbung erkennbar.

Harztaschen Auch Harzgallen; große, flach linsenförmige, mit den Jahrringen gleichlaufende harzgefüllte Spalten im Nadelholz

Heimische Arten haben ihr natürliches Verbreitungsgebiet im Inland oder ihre Verbreitung auf natürliche Weise auf das Inland ausgedehnt.

Hirnholz Auch Stirnseite; nennt man die quer zur Faser liegenden Holzschnittflächen mit den sichtbaren Jahrringen

Hirnholzschnitt Auch Hirnschnitt oder Querschnitt; zeigt deutlich die Zuwachszonen bzw. Jahrringe

Holzbild Alle Farb- und Strukturmerkmale, die zusammen das Aussehen einer Holzart ergeben

Holzfaser Lang gestreckte, faserförmige Zellen mit dickeren oder dünneren Wänden. Sie bilden die Grundmasse des Laubholzes, fehlen bei Nadelhölzern.

Holzstrahlen Auch Markstrahlen oder Strahlenparenchym; quer zur Stammachse verlaufende und auf die Markröhre gerichtete Zellen, die im Querschnitt als feine Linien und im Radialschnitt als „Spiegel" sichtbar und teilweise so breit sind, dass sie das Holzbild wie bei den Eichen wesentlich beeinflussen. Sie dienen der Stoffspeicherung und Stoffleitung in radialer Richtung.

Imprägnierung Behandeln von Holz mit Holzschutzmitteln, um es gegen Verwitterung und Schädlinge zu schützen

Jahr(es)ring Siehe Zuwachszonen

Kahlflächen sind entweder durch Kahlschlag, Windwurf oder Waldbrand entstanden.

Kambium „Lebenszentrale" zwischen Rinde und Holz, in der außen Bastzellen und nach innen Holzzellen gebildet werden. Hier entsteht der Dickenzuwachs.

Kantholz Schnittholz mit einem Querschnitt über 100 x 100 mm

Kern Der vom Splintholz ringförmig umgebene und sich durch eine oft dunklere Färbung abhebende innere Teil des Stamms. Im Gegensatz zum Splintholz ohne wasser- und nährstoffleitende Funktion

Kernholz-Bäume sind Hölzer, deren Kern durch die Einlagerung verschiedener Stoffe dunkler als der Splint erscheint. Kernhölzer sind z. B. Lärche, Kiefer, Douglasie, Eiche, Robinie, Kirsche, Nuss.

Kernreifholz-Bäume Seltene Form der Bildung von sowohl Reifholz als auch Farbkernholz. Es sind dies z. B. die Ulme und, wenn ein fakultativer Farbkern gebildet wird, auch die Esche (Braunesche) oder die Rotbuche.

Klafter Historisches Längen- und Volumenmaß für (Brenn-)Holz mit regional unterschiedlichen Definitionen

Klimaneutralität bedeutet, ein Gleichgewicht zwischen Kohlenstoffemissionen und der Aufnahme von Kohlenstoff aus der Atmosphäre herzustellen. Um Netto-Null-Emissionen zu erreichen, müssen alle CO_2-Emissionen weltweit durch entsprechende Kohlenstoffbindung ausgeglichen werden.

Komplexstämme Mehrere miteinander verwachsene Einzelstämme

Konkurrenzkraft Es gibt Baumarten, die eine starke Konkurrenzkraft aufweisen, wie etwa die Rotbuche oder Fichte. Diese Eigenschaft hängt mit der Verträglichkeit von Schatten zusammen.

Konstruktionsvollholz (KVH®) Getrocknetes und festigkeitssortiertes Bauschnittholz mit definierten Spezifikationen bezüglich Feuchtegehalt, Dimension, Festigkeitsklasse, Oberflächenbeschaffenheit etc.

Krone Baumkrone, als Gesamtheit der Zweige, Äste und Belaubung

Krone, kegelförmig Baumkrone nach oben stark verjüngt oder verschmälert

Krone, rundlich Baumkrone kugelig oder leicht oval

Krone, säulenförmig Baumkrone nach oben nur unwesentlich verschmälert

Künstliche Trocknung Siehe technische Trocknung

Lappige Blätter Blatt in mehrere, meist drei bis fünf größere, lappige Teile geteilt

Latten Schnittholz mit Dicken bis 39 mm und Breiten bis 59 mm

Lichtbaumart Baumarten lassen sich anhand ihres Lichtbedarfs in Licht-, Halbschatten- und Schattenbaumarten unterteilen, auch Licht- und Schattholzart genannt.

Lignin Gerüstsubstanz, die neben der Zellulose und Hemizellulose die Holz-Zellwand bildet. Im Papier ist es ein unerwünschter Restbestand, der dafür sorgt, dass das Papier schnell vergilbt. Bei der Zellstoffgewinnung wird es chemisch weitgehend von der Zellulose getrennt. Der Abbau des Lignins durch UV-Strahlung führt bei Holz zur Braunfärbung

Markflecken Kleine dunkle Verfärbungsflecken, die durch meist wiederholten Fraß von Fliegenlarven (Kambiumminierfliegen) im Kambium entstehen. In Laubhölzern, wie Birke, Erle u. a.

Markröhre oder Mark wird die in der Mitte des Stamms liegende Sprossachse genannt, die von der Wurzel bis zur Sprossspitze entwickelt ist.

Markstrahlen Siehe Holzstrahlen

Maserholz Vom normalen Wuchs durch Faserwirbel abweichende Strukturen; im Tangentialschnitt ergeben sich überwiegend rundliche Formen. Maserholz kann in Knollen oder auch im Stamm vorkommen.

Maserung Zeichnung des Holzes; siehe auch Flader und Textur

Massivholz Siehe Vollholz

Messerfurnier Die Holzstämme werden erst gedämpft und dann mit einer Furniermessermaschine in dünne Furnierblätter geschnitten (gemessert). Der Vorteil des Messerfurniers besteht darin, dass es seine natürliche Maserung behält.

Messern Siehe Messerfurnier

Mittendurchmesser Durchschnittliche Dicke eines Stammabschnitts in der Stammmitte

Nachdunkeln Siehe Verfärbungen

Nadelblätter Nadelförmige Blätter der Nadelgehölze, verkürzt meist als Nadeln bezeichnet

Nadelrissig ist die Struktur von ringporigen Hölzern, deren Gefäße im Längsschnitt als feine Rinnen oder Rillen zu erkennen sind.

Nasskern Eine Zone mit sehr hoher Feuchtigkeit (bis weit über 100 %) im Kernholz. Tritt vor allem bei Tanne auf. Gegebenenfalls muss der Nasskern bei der technischen Trocknung berücksichtigt werden.

Natürliche Trocknung Siehe Freilufttrocknung

Nichtheimische Art Auch neue, fremdländische, gebietsfremde Art genannt. Bedeutet, dass eine Art eingeschleppt wurde.

Nutzholz Holz, das zur technischen Nutzung, nicht zur Energieerzeugung bestimmt ist

Rotkern Ältere Buchen bilden fakultativ einen Rotkern aus. Dabei bekommt das Innere des Stamms eine dunkle Färbung. Diese Verfärbung hat keine Auswirkungen auf technischen Holzeigenschaften.

Ökologische Amplitude Bereich, in dem eine bestimmte (Baum-)Art entsprechend ihrer ökologischen Potenz gegenüber einem bestimmten Umweltfaktor existenzfähig ist.

Parenchym(zellen) Besorgen im Holz die Stoffspeicherung von Stärke, Fetten und Zucker sowie die Stoffleitung. Sie sind im stehenden Baum die einzig lebenden Zellen im Splintholz, im Kernholz sind sie auch nicht mehr aktiv. Man differenziert Achsial- und Strahlenparenchym.

Parenchymbänder In größeren Gruppen beisammenliegende axiale Parenchymzellen. Mit freiem Auge am Querschnitt als feine, hellere Querstreifen erkennbar, z. B. bei Eiche oder Nuss, in lichten Flecken z. B. bei Robinie. Bei Nadelhölzern sind sie nicht vorhanden.

Pfosten/Diele Schnittholz mit einer Dicke ab 38 mm

Pilze Pilzsporen sind zwar immer allgegenwärtig in der Luft, sie wachsen jedoch nur unter bestimmten Bedingungen. Ist das Holz trocken und richtig verarbeitet, kommt es kaum zu einem Befall bzw. zu einer Zerstörung. Bläuepilze zerstören das Holz nicht, sondern verfärben es nur; allerdings können Anstriche durchdrungen und beschädigt werden.

Pionierart Pflanzenart, die als Erstbesiedler eines vegetationsfreien Standorts auftritt

Poren Andere Bezeichnung für Gefäße; sie erscheinen im Querschnitt rund oder oval und im Längsschnitt rillenartig. Bei manchen Hölzern sind die Poren mit freiem Auge erkennbar.

Quellen Vergrößerung der Abmessungen und des Volumens infolge Feuchtigkeitszunahme. Die Folgen sind Ausdehnungen oder im verbauten Zustand Aufwölbungen.

Quellmaß, Schwindmaß Zahlenmäßige Angabe von Längen- oder Volumsänderungen, die durch

Quellen oder Schwinden verursacht werden. Es gibt die prozentuelle Änderung bezogen auf den trockenen (Quellmaß) bzw. nassen (Schwindmaß) Zustand an und ist in den drei Hauptrichtungen des Holzes unterschiedlich.

Querschnitt Siehe Hirnschnitt

Radialschnitt Auch Spiegelschnitt; Längsschnitt durch einen Stamm, der durch das Mark hindurchgeht und im Sinne eines Halbmessers der Jahrringe verläuft. Dieser Schnitt zeigt eine besonders schlichte Zeichnung. Mit freiem Auge sichtbare Holzstrahlen spiegeln oft bei Lichteinfall.

Reaktionsholz Anomales Holzgewebe als Reaktion des Baumes auf durch äußere Einwirkung (Wind, Schnee, Schiefstellung) drohende oder erfolgte Lageveränderung. Es bildet sich Zug- (bei Laubholz) oder Druckholz (bei Nadelholz) mit von der Holzart abweichenden Eigenschaften, das bei einigen Holzsortierungen ausgeschlossen wird.

Recycling Der Begriff aus der dritten Stufe der Abfallhierarchie der EU-Abfallrahmenrichtlinie bezeichnet jedes Verwertungsverfahren, durch das Abfallmaterialien zu Erzeugnissen, Materialien oder Stoffen entweder für den ursprünglichen Zweck oder für andere Zwecke aufbereitet werden. Es schließt die Aufbereitung organischer Materialien ein, aber nicht die energetische Verwertung und die Aufbereitung zu Materialien, die für die Verwendung als Brennstoff oder zur Verfüllung bestimmt sind.

Reifholz-Bäume Das Kernholz kann die gleiche Farbe wie der Splint besitzen (Fichte, Tanne, Rotbuche, Birne, Linde, Feldahorn) und unterscheidet sich äußerlich nicht, wohl aber frisch geschnitten im Feuchtezustand.

Resistenz Siehe Dauerhaftigkeit

Riegelwuchs Wellenförmiger Verlauf der axialen Zellstränge, häufig z.B. bei Ahorn oder Nuss. An Schnittflächen entsteht ein interessantes Spiel zwischen Hell- und Dunkelzonierungen.

Riftschnitt Radialschnitt, bei dem die Jahrringe möglichst rechtwinkelig zur Brettbreite liegen, auch Einschnitt mit „stehenden Jahrringen" genannt

Rinde Äußerster Teil des Stamms, bestehend aus Borke und Bast

Ringporigkeit Im Querschnitt periodisch wiederkehrende Ringe aus engliegenden größeren Poren (Frühholz), die mit Ringen aus kleineren Poren abwechseln (Spätholz)

Rohdichte Das Verhältnis von Masse zu Volumen (g/cm³ oder kg/m³) bei einer bestimmten Temperatur und Luftfeuchtigkeit. Die Rohdichte ändert sich je nach Holzfeuchtigkeit. Die Normal-Rohdichte wird bei 20 °C und 65 % Luftfeuchtigkeit nach Lagerung bestimmt, die Darrdichte wird im absolut trockenen Zustand bestimmt.

Rohholz/Rundholz Gefälltes, entwipfeltes und entastetes Holz, mit oder ohne Rinde, auch abgelängt, jedoch nicht weiter bearbeitet und behandelt

Samenmantel (Arillus) ist meistens eine fleischige, oft farbige Hülle, die einen Samen ganz oder teilweise umhüllt. Ein farbiger Arillus dient der Anlockung von Tieren, die ihn samt Samen fressen und so der Ausbreitung dienen. Die rote Beere der Eibe ist z. B. keine Frucht, sondern ein Samenmantel.

Schälfurnier Die Holzstämme werden erst gedämpft und dann in eine Furnierschälmaschine eingespannt und gegen ein Schälmesser gedreht. Es entstehen lange Furnierbänder, die aufgerollt oder in Stücke geschnitten werden. Schälfurniere haben eine sehr schlichte Maserung

Schattholzart Baumart, die zu ihrer Entwicklung nicht sehr viel Licht benötigt und auch bei stärkerer Beschattung noch gedeiht

Schluchtwälder neigen aufgrund ihrer Lage zu Rutschungen. Sie erfüllen durch die stabilisierende Vegetation eine wichtige Schutzfunktion.

Schnittholz Mit Sägen und/oder Zerspanern in Längsrichtung bearbeitetes Holz

Schnittrichtungen Unterscheidung von drei Schnittrichtungen: Querschnitt oder Hirnschnitt, Flader- oder Tangentialschnitt, Spiegel- oder Radialschnitt

Schwachholz (Schwachbloch) Rundholz mit einem Mittendurchmesser von 14 bis 19 cm

Schwinden Verkleinerung der Abmessungen und des Volumens infolge Feuchtigkeitsabnahme. Die Folge sind Risse oder im verbauten Zustand Fugen.

Spannrückigkeit Die Jahrringe verlaufen in sehr großen Wellenlinien. Die Einbuchtungen am Stamm setzen oft schon bei den Wurzelanläufen an und reichen bis in die Krone. Häufig bei Hainbuche oder auch Eibe

Spätholz Abschluss einer Zuwachszone bzw. eines Jahrrings, der auf das Frühholz folgt. Bei Laubhölzern meist porenärmer, und bei Nadelhölzern besonders dunkle und harte Zone

Spiegel Auf der radialen Holzfläche glänzend erscheinende, meist quadratische bis rechteckige Flächen von flächig angeschnittenen Holzstrahlen

Spiegelschnitt Siehe Radialschnitt

Splint Der den Kernholzbereich umgebende Holzmantel. Der Anteil ist von der Art, dem Alter und den Wachstumsbedingungen abhängig. Im Splintholz erfolgen der Wassertransport sowie die Nährstoffspeicherung. Splintholz ist empfindlich für Pilz- und Insektenbefall.

Splintholz-Bäume weisen über den gesamten Querschnitt die gleiche Farbe und etwa den gleich hohen Feuchtigkeitsgehalt auf. Eine Kernbildung setzt sehr spät oder überhaupt nicht ein. Beispiele sind Spitzahorn, Birke, Erle, Weißbuche oder Aspe.

Spritzkern Ungewöhnliche Form des Rotkerns der Rotbuche mit am äußeren Rand meist zahlreichen schmalzackigen Ausstrahlungen

Staffeln Schnittholz mit quadratischem oder rechteckigem Querschnitt von 4 x 4 cm bis 10 x 10 cm

Stamm Holzsäule vom Wurzelansatz bis zur Auflösung in Äste der Krone bzw. bei wipfelschäftigen Bäumen bis zum Gipfeltrieb

Stammabschnitt Siehe Bloch

Starkholz Rohholz mit einem Mittendurchmesser von i. d. R. mehr als 40 cm

Stehvermögen Verhalten des Holzes bezüglich Maß- und Formänderungen bei sich ändernder relativer Luftfeuchte der Umgebung

Stirnseite Siehe Hirnholz

Strahlenparenchym Siehe Parenchym

Strangparenchym Auch Axialparenchym, siehe Parenchym

Tangentialschnitt Auch Fladerschnitt; Längsschnitt parallel zur Stammachse. Ergibt oben bogig geschlossene Kegelschnittlinien, wobei Streifen von Früh- und Spätholz wechseln; diese Zeichnung nennt man Flader

Technische Trocknung Trocknung unter künstlichen Klimabedingungen, meist in Kammern oder Durchlaufkanälen. Es können wesentlich niedrigere Endfeuchtigkeiten und kürzere Trocknungszeiten erreicht werden als bei der Freilufttrocknung.

Textur Zeichnung des Holzes; siehe auch Maserung und Flader

Thyllen Artbedingte blasenartige Zelleinwüchse in das Wasserleitsystem bei Laubhölzern, welche die Poren verschließen und die Abgabe wie die Aufnahme von Feuchtigkeit beeinflussen können

Tierische Schädlinge Insektenlarven wie die vom Braunen Splintholzkäfer, Gewöhnlichen Nagekäfer („Holzwurm") oder Hausbockkäfer nutzen Holz als Lebensraum und Nahrungsquelle. Der Befall kann zur völligen Zerstörung des Holzes führen.

Tracheen Siehe Gefäße

Tracheiden Lang gestreckte, allseits geschlossene Zellen. Das Holz der Nadelbäume besteht fast ausschließlich aus Tracheiden, bei Laubhölzern kommen sie nur spärlich vor. Tracheiden dienen zur Festigung bzw. Wasserleitung.

Tränkbarkeit Fähigkeit von Holz, Tränkflüssigkeiten (z. B. Holzschutzmittel) aufzunehmen, die je nach Holzart sehr unterschiedlich ist. Nach ÖNORM EN 350-2 bedeutet 1 gut tränkbar, 2 mäßig tränkbar, 3 schwer tränkbar, 4 sehr schwer tränkbar; der Zusatz „v" bedeutet, die Holzart zeigt ein ungewöhnlich hohes Ausmaß an Variabilität.

Trieb Jährlich zuwachsender Teil am Ende von Ästen und Zweigen

Trocken Als trocken werden Hölzer bezeichnet, deren Feuchtegehalt dem künftigen Verwendungsklima entspricht; für Bauteile, die ständig mit der Außenluft in Berührung kommen, 12 bis 15 % und für Bauteile im Inneren von Räumen 8 bis 12 %.

Trockenstress Gelangt ein Baum nicht zu seiner Wassermenge, hat er Strategien, den Haushalt zu regulieren: Reduktion der Blattoberfläche, Verlagerung der Biomasse von der Krone in den Stamm und in die Wurzeln sowie Schließung der Poren.

Umtriebszeit Zeitraum zwischen der Bestandsgründung und der Baumernte.

Verfärbungen, durch Licht Die meisten Hölzer dunkeln nach, helle Hölzer vergilben, in einigen Fällen kommt es zur Aufhellung (gedämpfte Buche).

Verthyllung siehe Thyllen

Verwitterung, Vergrauung Dadurch wird das Holz zwar in seiner Substanz nicht zerstört, verändert aber seine Optik. Dies entsteht durch Ligninabbau aufgrund von UV-Lichteinwirkung, Auswaschung durch Regen sowie Ansiedlung von Mikroorganismen. Eine natürlich gealterte Holzfassade wird dunkler bzw. gräulich.

Verziehen Hiermit werden Formänderungen bezeichnet, die von der ursprünglichen Richtung der Kanten und Flächen abweichen.

Vollholz Holz, das in seiner unveränderten, gewachsenen Struktur vorliegt – im Unterschied zu den durch Trennen und erneutes Zusammenfügen hergestellten Holzwerkstoffen

Vorratsfestmeter (Vfm) Raummaß für den Holzvorrat inkl. Rinde (vgl. Erntefestmeter). 1 Vorratsfestmeter (Vfm) entspricht 1 Kubikmeter (m^3).

Wachstumsschicht Siehe Kambium

Wurzeln Unterirdischer Teil der Pflanze, der einerseits das Wasser samt den darin gelösten Mineralien (Nährstoffen) dem Boden entnimmt, andererseits die Bäume im Boden verankert

Zeichnung Siehe Textur

Zellen Kleine, meist lang gestreckte faserförmige hohle Gebilde, deren Wände aus Zellulose, Hemizellulose und Lignin bestehen. Sie bilden miteinander verkittet den Holzkörper.

Zellkollaps Trocknungsfehler, der bei sehr feuchten und dichten Holzarten entstehen kann. Dabei kollabiert ein Teil der Holzzellen.

Zellulose Hauptbestandteil der Holzzellenwand, Anteil ca. 45 %

Zerstreutporigkeit Im Querschnitt sind Poren gleichmäßig verteilt, es gibt keine deutliche Zonierung.

Zopfdurchmesser Durchmesser am oberen dünneren Ende des Stammabschnitts

Zugfestigkeit Widerstandsfähigkeit eines auf Zug beanspruchten Körpers gegen Bruch

Zuwachszonen Klimatisch bedingte und sich wiederholende ringförmige Zonen im Querschnitt sichtbar, bestehend aus Früh- und Spätholz. Entstehen die Zonen jährlich, werden sie auch als Jahrringe bezeichnet.

Impressum

Herausgeber
proHolz Austria
Arbeitsgemeinschaft der österreichischen Holzwirtschaft zur Förderung der Anwendung von Holz
www.proholz.at
Obmann Richard Stralz
Geschäftsführer Georg Binder
Projektleitung Kurt Zweifel
AT-1030 Wien
Am Heumarkt 12
T + 43 (0)1/712 04 74
info@proholz.at
www.proholz.at

Redaktion Anne Isopp, Wien

Autor:innen:
Alfred Teischinger, Prof. i. R., Universität für Bodenkultur Wien (BOKU)
Anne Isopp, Wien
Josef Fellner, Lehrer i. R. Höhere Technische Lehranstalt Mödling, Abteilung Holztechnik

Fachliche Beratung:
Silvio Schüler, Leiter des Instituts Waldwachstum, Waldbau & Genetik, Bundesforschungszentrum für Wald (BFW)

Lektorat Esther Pirchner, AT-Innsbruck

Gestaltung
Atelier Andrea Gassner, Feldkirch; Andrea Gassner, Marcel Bachmann

2. überarbeitete Neuauflage 2023

Druck
Print Alliance, AT-Bad Vöslau

In Kooperation mit dem Verlag DETAIL – Business Information GmbH, DE-München
www.detail.de

Koordination im Verlag
Sandra Hofmeister

ISBN 978-3-95553-619-0

PEFC zertifiziert

Dieses Produkt stammt aus nachhaltig bewirtschafteten Wäldern und kontrollierten Quellen

www.pefc.at

Gefördert mit Mitteln des Österreichischen Waldfonds

Mit Unterstützung vom
Bundesministerium
Land- und Forstwirtschaft, Regionen und Wasserwirtschaft